實用
Python
程式設計 第二版

　　Python 是一種通用型物件導向電腦程式語言 (general purpose object-oriented programming language)，屬高階語言，具有如 BASIC 的直譯器功能，同時也可以將原始碼編譯成位元碼 (bytecode)，這種模式會跟 Java 一樣，具有跨平台的功能。如有需求，也可以轉編譯成為其它語言如 C/C++ 或 Java 之原始碼，更可以編譯成為目標電腦 (target computer) 的可執行碼。

　　Python 具有非常廣泛的應用，例如科學計算、資料庫管理、網路程式開發、遊戲設計、繪圖應用以及網頁程式等，幾乎各方面應用都有人在使用。它包含了一組功能完備的標準程式套件，能夠輕鬆完成很多常見的任務。除此之外，還有豐富且功能強大的第三方程式套件可用。Python 它同時也支援外部程式呼叫介面，可以呼叫 R, Matlab, Java, C/C++, 和 Fortran 等已編譯之副程式。

　　本書的主要目的是介紹 Python 程式語言及其應用。第一章是 Python 程式語言簡介，包括 Python Shell 基本操作、相關工具及程式套件之安裝和導入。第二章我們將介紹 Python 之資料類別與基本運算。陣列在科學運算是很重要的一個資料類別，其中所有的分量都必須是相同的資料類別，因此第三章我們將介紹 Numpy (Numeric Python)，這是專門用來處理陣列及其運算的一個套件。第四章我們將介紹邏輯運算與流程控制，包括邏輯變數及運算、條件分支及迴圈。第五章是介紹函數，包括使用者自訂函數、陣列運算函數、排序函數和多項式函數。另外本章也介紹如何編譯 Python 程式模組。第六章是介紹如何使用 Matplotlib 套件來繪圖。第七章我們將介紹 Scipy (Scientific Python)，這是使用 Numpy 陣列及其運算的一個套件，用來處理一些標準的科學問題，

包括最佳化、積分、線性代數問題、統計回歸、假設檢定等等。在第八章我們將介紹圖形使用者介面 Tkinter，這是一套跨平台的 GUI 工具箱。內容包括元件語法與範例和幾何管理操作。第九章是介紹如何使用 OpenCV 從事影像和視訊處理。OpenCV 是一個跨平台的電腦視覺庫。自然本書無法將所有 Python 語言之細節全部交待清楚，但本書所含蓋之內容已十分夠用。本書中使用的中英文翻譯名詞大部份是參照國家教育研究院 (http://terms.naer.edu.tw/) 名詞檢索之翻譯。在此版中我們更正了上一版之錯誤，並增加了一些有用的素材。

　　我們要感謝前台北科技大學校長李祖添教授長年以來對我們的支持、鼓勵及友誼。同時我們也要感謝義守大學機器學習與演化計算研究群之長期研究伙伴，尤其是資工系林義隆教授、電機系柯春旭教授、孫永莒教授、曾遠威教授、電子系洪惠陽教授、機械與自動化工程系劉芳寶教授、生科系劉孝漢教授、遠東科技大學多媒體與遊戲發展管理系鄭淑玲教授、金門大學工業工程與管理系江育民教授、嘉義大學應用數學系胡承方教授、及研究生楊崴勝、林佳煜和唐家麒在學術的道路上與我們攜手並進，讓我們不會感到寂寞。

　　為回饋社會，本書之作者們會將本書之相關收入全部捐助給中小學當獎學金，期望這些未來的主人翁能對社會有所貢獻。

郭英勝　鄭志宏

龔志銘　謝哲光

於高雄

contents

目錄

1 Python 程式語言簡介

2 資料類別與基本運算

3 陣列：Numpy

4 邏輯運算與流程控制

5 函數

6 Python 繪圖：Matplotlib

7 科學計算套件：Scipy

8 圖形使用者介面：tkinter

9 影像和視訊處理：OpenCV

┌─ ▼範例下載 ─────────────────────────────────

本書範例程式請至 http://books.gotop.com.tw/download/AEL021300 下載，
檔案為 ZIP 格式，請讀者自行解壓縮。其內容僅供合法持有本書的讀者使用，
未經授權不得抄襲、轉載或任意散佈。

└──

Python 程式語言簡介

在本書之首章中,我們將簡介 Python 程式語言。首先是介紹 Python 是什麼?再來介紹 Python Shell 基本操作。相關工具及程式套件安裝將在 1.3 節中介紹。在 1.4 節中我們會介紹程式套件之導入。

為了能重複先前之指令,一般我們會先把寫好的程式碼儲存在文字檔 (text file) 中,如此我們便可使用複製及貼上的方式將所需的指令貼到控制台上執行。本書已將所有的練習函數及程式範例做成文字檔,以方便讀者使用,讀者可逕至下列網站下載:

> http://m-learning.isu.edu.tw/

其中資料夾名稱為

> Practical-Python-Programming

在此底下有四個子資料夾:

▶ Practical-Python-Programming\Python-Files:儲存所有的文件

▶ Practical-Python-Programming\Python-Codes:儲存所有的程式碼

▶ Practical-Python-Programming\Python-Data-Sets:儲存所有的資料集

▶ Practical-Python-Programming\Python-Objects:儲存所有程式碼執行結果

請將此資料夾之所有內容下載到本機。

1.1 Python 程式語言是什麼？

Python 是一種通用型物件導向電腦程式語言 (general purpose object-oriented programming language)，屬高階語言，具有如 BASIC 的直譯器功能，同時也可以將原始碼編譯成位元碼 (bytecode)，這種模式會跟 Java 一樣，具有跨平台的功能 [Gries, 2013][Guttag, 2013][Lutz, 2014]。如有需求，也可以轉編譯成為其它語言如 C/C++ 或 Java 之原始碼，更可以編譯成為目標電腦 (target computer) 的可執行碼。

Python 具有非常廣泛的應用，例如科學計算、資料庫管理、網路程式開發、遊戲設計、繪圖應用以及網頁程式等，幾乎各方面應用都有人在使用。它包含了一組功能完備的標準程式套件，能夠輕鬆完成很多常見的任務。除此之外，還有豐富且功能強大的第三方程式套件可用。Python 它同時也支援外部程式呼叫介面，可以呼叫 R, Matlab, Java, C/C++, 和 Fortran 等已編譯之副程式。

Python 的最初設計者及主要架構師為荷蘭的計算機程式設計師吉多·范羅蘇姆 (Guido van Rossum)。他於 1989 年的聖誕節期間，在阿姆斯特丹決心開發一個新的腳本直譯程式，來取代當時教學用的 ABC 語言。因為他是 BBC 電視劇—蒙提·派森的飛行馬戲團 (Monty Python's flying circus) 的粉絲，所以特地選用 Python 做為新的程式語言名稱。

ABC 是由吉多參加設計的一種教學語言。就吉多本人看來，ABC 這種語言非常優美和強大，是專門為非專業程式設計師設計的。但是 ABC 語言並沒有成功，究其原因，吉多認為是未開源所造成的。因此吉多決心在 Python 中避免這一錯誤而採取開放策略，使 Python 能夠與 C、C++ 和 Java 等其他程式語言完美結合，並獲得到非常好的效果。目前，Python 的整個發展方向還是吉多在主導，社群上的同好都稱呼他是「仁慈的獨裁者」(BDFL, Benevolent Dictator For Life)。

Python 的設計哲學是「優雅」、「明確」、「簡單」，風格也多源自於 ABC 和 Modula-3 語言。語法上則結合了 Unix shell 和 C 的習慣，並強調「用人的角度解決人的問題」。因此 Python 非常受到當代資訊科技的重視和青睞。Python 開發者的撰寫哲學是：「There is only one way to do it.」，也就是說利用 Python 寫程式時，要達成一種目的只會有一種寫法，以符合「簡單」的設計哲學，並且拒絕使用花俏的語法，選擇明確沒有或很少爭議的語法。因為 Python 這種簡單明確的語法特性，使得它成為相當受歡迎的程式設計入門者的第一個語言。

Python 在設計上也加入許多重要的機制，使得設計師能夠很方便進行程式撰寫。茲將這些機制簡列如下：

▶ 動態資料型態 (dynamic typing)：不需要事先指定變數的型態，之後也可以任意轉換型態。

▶ 垃圾回收機制 (garbage collection for memory management)：為新的物件分配記憶體、標記垃圾物件、回收垃圾物件佔用的記憶體。

▶ 晚期繫結 (late binding)：在編譯程式的階段不將物件和它的 "方法" (即物件的副程式 method) 繫結在一起，僅建立一個虛擬表格，在程式執行階段再呼叫該物件的 "方法"。

▶ 越位規則 (offside rule)：使用縮排 (indent) 來分隔區塊。換句話說，縮排也是語法的一部分。

Python 具有 Windows, unix, linux, MacOS 及其它各種平台的版本，都可以免費下載使用，其官方網站為：

http://www.python.org/

Python 程式語言屬開放原始碼 (open source)，使用經開放原始碼促進會 (Open Source Initiative, OSI) 認證的專用授權 "Python Software Foundation License"。由於原始碼的授權與釋放，使用者可以瞭解某些特殊演算方法的詳細步驟，並且可以進行修改與發佈新修改完成的功能，從此世界各地許多人員開始投入 Python 的開發與發佈工作。如此一來，將可使所有的使用者享受此自由開放的機制，無需花費額外的支出就可獲得一種功能強大的程式語言以及各式各樣的工具進行科學運算以及資料分析。

如前所述，Python 為一套完整的科學計算、網路開發、遊戲、伺服器與軟體設計、繪圖應用的軟體發展環境，並提供豐富且功能強大的第三方程式套件，其中 Numpy 程式套件提供了有效率的數據儲存與處理系統及陣列與矩陣的計算操作；SciPy 程式套件所包含的模組有最佳化、線性代數、積分、插值、特殊函式、快速傅立葉轉換、訊號處理和圖像處理、常微分方程求解和其他科學與工程中常用的計算；Matplotlib 是繪圖程式套件，主要提供一般平面繪圖，例如折線圖、分佈點圖等，還有等高線圖與速度向量場圖。這三個程式套件是從事科學與工程計算經常要使用到的。大部分的第三方程式套件可以到 http://pypi.python.org/pypi 或 http://www.lfd.uci.edu/~gohlke/pythonlibs/ 官網下載。顯然地，Python 的應用層面是相當廣泛的，因此本書主要介紹 Python 的基本指令語法與操作，並藉由作者們利用 Python 在科學與工程方面的計算應用的使用經驗，帶領讀者進入 Python 的程式設計中。

1.2 Python Shell 基本操作

雖然 Python 具有 Windows, unix, linux, MacOS 及其它各種平台的版本，然而其下載與操作方法都是相似的，所以本書的內容僅以 Windows 平台的版本來做說明。另外，目前 Python 最新的穩定版本是 2018 年 6 月發行的 3.7.0 版，由於本書所介紹的指令以及操作介面跟之前的版本都完全一樣，因此僅以 3.5.4 版本進行說明。當安裝完 Python 之後，系統會在開始目錄中與桌面上建立 Python 的圖形使用者介面 (GUI) IDLE 圖示。使用者啟動 Python 的 IDLE 之後，會出現 Python Shell，其畫面如下圖所示：

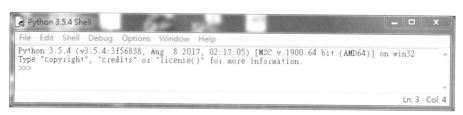

圖 1.2.1：Python Shell 控制台

Python 可以是直譯器語言，也可以是位元碼編譯語言。直譯器很適合程式發展初期使用。進入直譯模式時，使用者可以在提示符號 ">>>" 的右邊直接輸入指令或運算式 (expression) 單步執行。執行後，系統會即時顯示結果。使用者也可以將執行結果使用 "=" 指定 (assign) 給一個變數儲存，以方便往後使用；此時系統將不會顯示執行結果。每一運算式通常是一個數學運算或是一個函數,也可以是其混合式。函數即副程式,通常會傳回一個值。符號 "#" 為註解 (comment) 之開頭符號,該字元之後的敘述不會被執行。比方說我們令 x 的值為 5,則可使用如下之指令:

```
>>> x = 5   # 令 x 的值為 5
```

但 5 = x 是不行的。但若註解很長,則可用

```
    """Comments here ......."""
```

或

```
    '''Comments here .......'''
```

作註解。

當鍵入物件名稱時,螢幕上會列印出該物件之內容:

```
>>> x
5
```

或使用

```
>>> print(x)
5
```

有時為了方便起見,我們會同時將好幾個指令放在同一列,此時可以使用分號 ";" 將這些指令分開。比方說:

```
>>> x = 5; y = 5; z = 5
>>> (x + y) * z
50
```

Python 提供一個輔助說明的內建函數 help()。當我們想知道某一個模組、函數、物件或指令的時候,就可以把它當作 help() 的引數,例如使用 help(pow),Python 就會顯示 pow() 這個函數的說明內容,如下圖所示:

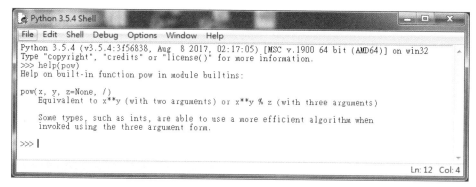

圖 1.2.2：pow() 的輔助說明

　　如果我們僅執行 help() 而沒有指定引數的話，就會進入 help> 的互動模式。只要在此模式下輸入要查詢的模組、函數、物件或指令，就會顯示其相關的說明內容。只要輸入 q 或 quit，就可以離開此模式回到 Python Shell。例如我們使用這種方法來查詢 pow() 函數的說明內容，如下圖所示：

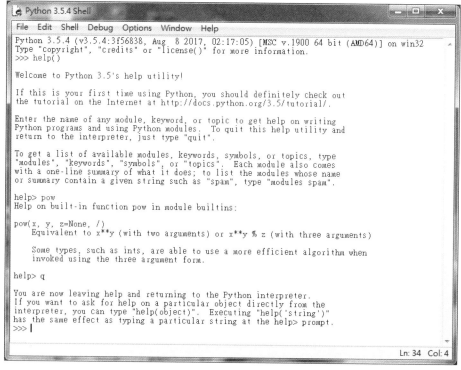

圖 1.2.3：help> 互動模式展示

最後要離開 Python 環境，只要用滑鼠左鍵將 Python Shell 視窗關閉即可。

由於 Python 的函數指令都是在 Python Shell 上以互動的方式進行操作，使用上比較不方便，所以坊間有幾套整合發展環境 (IDE) 工具提供使用者較好的操作體驗，茲簡介幾個常用的 IDE 如下：

(1) IdleX：

這是個非常簡便的 Python Shell，改善了 IDLE 的許多功能，其中一項就是可以多行的複製和貼上並且執行。

(2) Spyder：

如果稱 Python 為球蟒，那麼 Anaconda 就是更大型的森蚺。Anaconda 是 Python 的增值發行版，其包含了眾多常用的套件，大大的簡化套件管理和部署，其中 Spyder 就是 Anaconda 自帶的 IDE。Spyder 是個跨平台的 IDE，其環境整合了很多的套件，使用起來非常簡便。

(3) Jupyter Notebook：

除了是個撰寫程式的 IDE 之外，它更是一個程式語言教學跟簡報的好工具。Jupyter 本身是一個網頁應用程式，也就是整套工具是在瀏覽器上執行的。

(4) PyCharm：

它整合了很多的套件，使用上非常簡便。同時也整合了其他的程式環境如 JavaScript、HTML/CSS、Angular JS、Node.js 等，很適合網頁相關的應用 (Web application)。

(5) Rodeo：

工作環境和 R 程式語言所使用的 Rstudio 非常相似，整個長相跟操作與 Matlab 很像。

(6) Atom：

它是由 Open Source 的大倉庫 Github 所發行，擁有 Github 簡便介面和功能，能夠很方便地設定各種外掛物件，例如資料庫等。另外一項超人氣的是擁有很大的討論社群。

上述之 IdleX 提供了卓越的功能，同時保持一個簡單的圖形介面。它會呼叫原本安裝在電腦中的 Python，可以讓使用者直接使用複製與貼上一大段程式碼來進行操作，使用上比原本的 Python IDLE 方便。接下來本書的內容都是使用 IdleX 來啟動 Python Shell 視窗。

1.3 相關程式套件安裝

本書主要介紹 Python 在科學與工程方面相關的計算應用，這一小節我們將介紹本書所使用到的 Python 及 IdleX、Numpy、SciPy、Matplotlib、Xlrd 與 OpenCV 程式套件的安裝。Xlrd 是專門用來讀取 Excel 檔案資料，而 OpenCV 是一個跨平台的電腦視覺庫，可用於開發即時的影像處理、電腦視覺以及圖形識別程式等。

首先到 https://www.python.org/ 下載 python-3.5.4.amd64.exe。作者撰寫此書時，最新的 Python 版本是Python-3.7.0。之所以本書沒有採用最新版，而使用 Python-3.5.4 版的原因是因為當下 IdleX 並未支援到 Python-3.7.0 版，而本書是採用 IdleX 來啟用 Python Shell。

接著執行 python-3.5.4.amd64.exe 進行安裝，可以分為「Install Now」與「Customize installation」兩種安裝方法；最大的差別是 Python 安裝的位置不同。兩種安裝方法分別敘述如下：

「Install Now」：

1.　執行 python-3.5.4.amd64.exe，勾選視窗下方的「Add python to PATH」，並點選「Install Now」。

2.　Python-3.5.4會被安裝在下列的資料夾底下：

> C:\Users\user\AppData\Local\Programs\Python\Python35

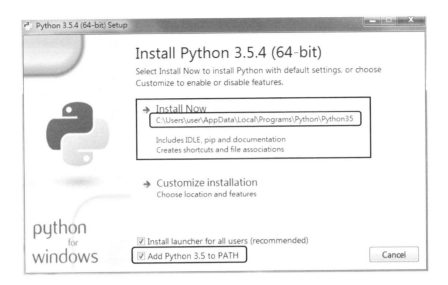

「Customize installation」：

1.　執行 python-3.5.4.amd64.exe，勾選視窗下方的「Add python to PATH」，
　　並點選「Customize installation」。

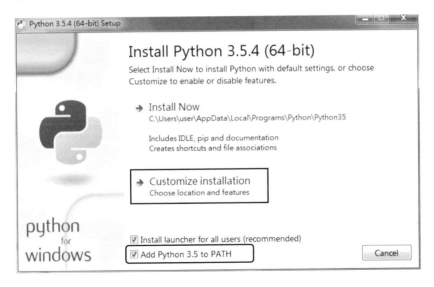

2. 在「Optional Features」視窗，點選「Next」。

3. 在「Advanced Options」視窗，勾選「Install for all users」。

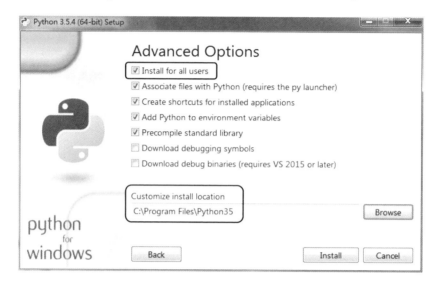

4. 在視窗下方的「Customize install location」，顯示安裝位置為

C:\Program Files\Python35

5. 點選視窗下方的「Install」進行安裝。Python-3.5.4 會被安裝在下列的資料夾底下：

C:\Program Files\Python35

安裝套件由開始功能表，在「命令提示字元」(即 cmd.exe) 按滑鼠右鍵，選擇"以系統管理員身分執行"來開啟。接著，依序在「命令提示字元」視窗安裝下列套件：

▶ IdleX   安裝指令：pip install idlex

▶ Numpy   安裝指令：pip install numpy

▶ Scipy   安裝指令：pip install scipy

▶ Matplotlib   安裝指令：pip install matplotlib

▶ Xlrd   安裝指令：pip install xlrd

▶ OpenCV   安裝指令：pip install opencv-python

安裝完畢，即可關閉命令提示字元視窗。接著使用 Windows 的檔案總管將安裝在 \Python35\Scripts 資料夾底下的 Idlex 檔案傳送到桌面當捷徑，之後使用者只要執行桌面上的這一個 idlex 檔案捷徑，就可以透過 IdleX 啟動 Python 的執行環境。

1.4 程式套件之導入

安裝 Python 的同時，標準套件與內建函數也會同時被安裝。我們可以用滑鼠點選 Python Shell 視窗的 Help/Python Docs 打開相關版本的 Python documentation 視窗，點選 Library Reference 超連結即可打開標準套件的說明文件，若要知道有那一些內建函數，點選 2. Built-in Functions 就會顯示所有內建函數，如下表所示：

表 1.4.1：內建函數

function names				
abs()	dict()	help()	min()	setattr()
all()	dir()	hex()	next()	slice()
any()	divmod()	id()	object()	sorted()
ascii()	enumerate()	input()	oct()	staticmethod()
bin()	eval()	int()	open()	str()
bool()	exec()	isinstance()	ord()	sum()
bytearray()	filter()	issubclass()	pow()	super()
bytes()	float()	iter()	print()	tuple()
callable()	format()	len()	property()	type()
chr()	frozenset()	list()	range()	vars()
classmethod()	getattr()	locals()	repr()	zip()

function names				
compile()	globals()	map()	reversed()	__import__()
complex()	hasattr()	max()	round()	
delattr()	hash()	memoryview()	set()	

　　利用 Python 設計程式時，除了可以使用標準套件與內建函數之外，設計師還可以使用眾多 Python 使用者自行開發設計的模組、程式套件以及第三方程式套件。但是，除了標準套件與內建函數之外的這一些模組或程式套件，都必須用 import 函數載入之後才能使用。需要注意的是，一般使用者自行從網路下載安裝的模組或套件大多會安裝在 C:\Python35\Lib\site-packages 路徑底下。當需要 import 進來時，系統會自動搜尋這個路徑；若要 import 自行發展之模組或套件時，要記得附加搜尋路徑，其語法如下：

```
>>> import sys
>>> sys.path                        # 顯示 import 的搜尋路徑
>>> mypath = "D:\Practical-Python-Programming\Python-Files"
>>> sys.path.append(mypath)    # 附加 import 的搜尋路徑
>>> sys.path
```

另外，要注意區分的是程式輸出輸入的工作目錄 (current working directory, cwd)。一般來講，啟動 IdleX 之後其預設的輸出入目錄為 IdleX 的存放位置，使用者必須自行修改，其語法如下：

```
>>> import os
>>> os.getcwd()      # 顯示目前工作目錄
>>> mywd = "D:\Practical-Python-Programming\Python-Files"
>>> os.chdir(mywd)  # 更改工作目錄
>>> os.getcwd()      # 再次確認目前工作目錄
```

　　模組 (module) 是一個單獨的檔案，如 Python 程式檔「optimizations.py」、做成 dll 格式的「cv2.pyd」或其他不含附檔名的檔案名稱，如「optm」和「cv2」就是該模組的命名空間 (namespace)。模組的內容大多為變數定義、程式碼、函數(副程式)以及類別 (class) 等。假設「optimizations.py」檔案之內有四個副程式：PSO(...), ACO(...), SA(...) 和 GA(...)。茲以這一個模組為例來介紹如何將一個模組載入與使用的方法。最基本的語法如下：

```
import optimizations
```

之後所有該模組內有定義的名稱如變數、函數、類別等都可使用，但使用時必須加上命名空間 optimizations，例如使用 PSO 函數的指令如下：

```
optimizations.PSO(...)
```

有時候模組的命名空間太長，為了使用方便可以將其改成比較短的名稱，例如將「optimizations」改成「optm」：

```
import optimizations as optm
optm.PSO(...)
```

另外一種載入方式是載入模組的全部內容，而使用該模組的函數或變數時不必加上命名空間。但是設計程式時往往會載入許多模組，而這一些模組內容可能會有相同函數或變數名稱的情況發生，如此將造成名稱混淆而發生錯誤，這一種情形讀者必須特別小心。將模組全部內容載入的指令如下：

```
from optimizations import *
```

此時引用 PSO(...) 函數就不需要命名空間「optimizations」了：

```
PSO(...)
```

如果確定程式只要使用模組內某些特定函數，那麼只要將這幾個特定函數載入即可。例如我們只要使用「optimizations.py」模組內的 PSO(...) 和 GA(...) 這兩個函數，可使用下列指令將它們載入：

```
from optimizations import PSO, GA
```

引用時也不需要命名空間「optimizations」：

```
PSO(...)
GA(...)
```

套件 (package) 最常存在的方式是一個資料夾，資料夾內容含有一個檔案 __init__.py、一些模組以及一些子資料夾。子資料夾稱為子套件，也是一個套件，其定義和用途跟套件完全相同，而子套件之層級深度沒有限制。載入套件使用時，資料夾的名稱即為其命名空間，同時 __init__.py 將被執行，__init__.py 之內容通常是載入所需要的相關模組。

載入套件的方法和載入模組很類似，底下以 numpy 這一個第三方程式套件為例，介紹如何將一個程式套件載入與使用的方法。將 numpy 載入的指令為：

```
>>> import numpy
```

此時，系統會先執行這個資料夾下的 __init__.py 檔案。此檔案之內容通常包括該套件之說明以及 import 一些模組或子套件；之後即可使用 numpy 相關的函數，使用時要加上命名空間：

```
>>> x = numpy.zeros(10)
>>> y = numpy.ones(10)
```

也可以將 numpy 改以 np 為名稱來載入：

```
>>> import numpy as np
>>> x = np.zeros(10)
>>> y = np.ones(10)
```

或是將 numpy 套件內的所有函數載入，此時可直接使用函數不需要命名空間：

```
>>> from numpy import *
>>> x = zeros(10)
>>> y = ones(10)
```

　　特定子套件載入與使用的方法和套件類似。底下是 numpy 套件之子套件 random 的載入與使用指令：

```
>>> import numpy.random
```

使用 random 子套件內之函數時也要使用命名空間之全名：

```
>>> z = numpy.random.normal(0, 1, 10)
```

如果不想使用套件完整命名空間而僅使用子套件名稱，則可以使用下列指令載入：

```
>>> from numpy import random
>>> z = random.normal(0, 1, 10)
```

也可以只載入子套件內之特定函數，例如只載入 numpy 套件之子套件 random 內的 normal 函數，其指令如下：

```
>>> from numpy.random import normal
```

這時就可以不需要任何套件命名空間而直接使用該函數：

```
>>> z = normal(0, 1, 10)
```

　　除了 numpy 套件的載入之外，接下來本書各章節中有關 Matplotlib 與 SciPy 這兩個第三方程式套件的載入指令整理如下供讀者參閱，讀者可以試試解讀這一些指令的意思：

```
>>> import matplotlib as mpl
>>> import matplotlib.pyplot as plt

>>> import scipy
>>> import scipy.cluster
>>> import scipy.optimize
>>> from scipy.optimize import fsolve
```

```
>>> from scipy.optimize import minimize
>>> from scipy.optimize import minimize_scalar
>>> from scipy.optimize import curve_fit
>>> import scipy.integrate
>>> from scipy.integrate import quad
>>> import scipy.interpolate
>>> from scipy.integrate import quad, trapz
>>> from scipy.integrate import odeint
>>> from scipy.interpolate import interp1d
>>> from scipy.interpolate import UnivariateSpline
>>> import scipy.signal
>>> import scipy.stats as stats
>>> from scipy.stats import norm
```

資料類別與基本運算

當我們要在 Python 中建立資料時，可以將資料指定給一個物件 (或稱為變數)。Python 所提供的資料類別中，常見且重要的有布林值 (boolean)、數字 (number)、字串 (string)、列表 (list)、元組 (tuple) 和字典 (dictionary)。我們將在接下來的內容中做進一步的介紹。

底下我們列出有關在 Python 中建立物件名稱之一些命名規則：

(1) 物件名稱可由英文字母、數字和底線符號 '_' 組成。

(2) 英文字母大小寫有所區別 (Beauty 和 beauty 是代表完全不同的兩個物件)。

(3) 物件名稱須起始於英文字母或底線符號 '_'。

(4) 關鍵字和內建名稱不能當作物件名稱。

(5) 要避免同時使用底線符號 '_'作為物件名稱的開頭與結尾字元。

有時為了更容易記住物件的內涵，在取物件名稱時我們常會將好幾個英文字合起來組成一個物件名稱。下面這些物件名稱皆是合乎規則的：

> guy, handsome_guy, you_handsome_guy

若使用太簡略的縮寫來當物件名稱，有時常常會忘記此物件的內涵；比方說 LKK 是代表什麼內涵的物件呢？難道是指像我們作者這種年紀的人嗎？

要如何知道 Python 的關鍵字？執行下列指令就可看到，

```
>>> import keyword

>>> keyword.kwlist
['False', 'None', 'True', 'and', 'as', 'assert', 'break',
'class', 'continue', 'def', 'del', 'elif', 'else', 'except',
'finally', 'for', 'from', 'global', 'if', 'import', 'in',
'is', 'lambda', 'nonlocal', 'not', 'or', 'pass', 'raise',
'return', 'try', 'while', 'with', 'yield']
```

在建立物件名稱之前，要如何知道 Python 內建名稱以及在工作區 (workspace) 中已經有那些物件了呢？為了底下說明之方便，首先我們重新啟動程式工作環境。這可以在 Python IDLE 選單所提供的 Shell 項目點選 Restart 即可重新啟動工作環境。

首先設定工作目錄，例如 D:\Practical-Python-Programming\Python-Files：

```
>>> import os

>>> mywd = "D:\\Practical-Python-Programming\\Python-Files"
>>> os.chdir(mywd)
```

我們可以查看設定好的工作目錄：

```
>>> os.getcwd()
'D:\\Practical-Python-Programming\\Python-Files'
```

接著我們查看工作區有那些物件：

```
>>> dir()
['__builtins__', '__doc__', '__loader__', '__name__',
'__package__', '__spec__', 'mywd', 'os']
```

請注意前六個物件是在開啟工作環境後伴隨而來的內建物件。如果要知道這些內建物件內的名稱也可以使用 dir() 這一個指令，例如：

```
>>> dir(__builtins__)
['ArithmeticError', 'AssertionError', 'AttributeError',
'BaseException',
、、、
 'slice', 'sorted', 'staticmethod', 'str', 'sum', 'super',
'tuple', 'type', 'vars', 'zip']
```

接著產生一些物件：

```
>>> x = 1
>>> y = [1, 2]
>>> z = [1, 2, 3]
```

我們可以使用 type() 指令來檢查物件的資料類別，例如：

```
>>> type(x)
<class 'int'>

>>> type(y)
<class 'list'>
```

這說明了 x 是整數物件，y 是列表 (list)。

再來查看工作區有那些物件：

```
>>> dir()
['__builtins__', '__doc__', '__loader__', '__name__',
'__package__', '__spec__', 'mywd', 'os', 'x', 'y', 'z']
```

假如我們並不想列出那些在開啟工作環境所伴隨而來物件的名稱，而只想列出那些被定義變數 (defined variables) 的名稱，該如何做呢？我們可以定義下列的兩個函數：

```
>>> def ls():
        return [var for var in globals().keys() if var[0] != "_"]
```

```
>>> def objects():
    return [var for var in globals().keys()
    if not var.startswith('_')]
```

有關自訂函數在第 5.1 節有詳細的介紹。接著來驗證這兩個函數的正確性：

```
>>> ls()
['x', 'y', 'os', 'objects', 'ls', 'z', 'mywd']

>>> objects()
['x', 'y', 'os', 'objects', 'ls', 'z', 'mywd']
```

結果是正確的。

　　若要知道在工作目錄中有那些檔案，可以使用 os.listdir() 函數：

```
>>> os.listdir()
```

　　要如何刪除工作區中的物件呢？要注意的是刪除那些在開啟工作環境伴隨而來的物件是不智的。因此我們只要刪除那些自行定義的變數。要如何進行呢？我們可以定義下列的函數：

```
>>> def clearall():
        all = [var for var in globals() if var[0] != "_"]
        for var in all:
            del globals()[var]
```

接著來驗證這個函數的正確性：

```
>>> clearall()

>>> dir()
['__builtins__', '__doc__', '__loader__', '__name__',
'__package__', '__spec__']
```

結果是正確的。

在控制台輸入資料時，若要使用先前鍵入或出現的指令，我們可以使用鍵盤上面的↑或↓兩個方向鍵，也可以直接在螢幕上剪貼所需之指令。若為節省空間或是將相關的一些指令打在同一列上，則只需使用符號 ";" 把各個指令分開即可。

2.1 布林值

程式中常會用到判斷真偽的指令，例如 if 或 while，其判斷結果不是 True 就是 False，這就是布林值。除了判斷指令之外，還有一些布林運算操作，其結果也是布林值。若將布林值轉換成數值，則 True 為 1，False 為 0。布林與比較運算指令如表 2.1.1 所示。

表 2.1.1：布林與比較運算指令

運算子	說明
not x	NOT 運算
x & y x and y	AND 運算
x | y x or y	OR 運算
<	小於
<=	小於等於
>	大於
>=	大於等於
==	等於
!=	不等於
is	比較物件是否相同
is not	比較物件是否相異
x in s	檢查 x 是否存在 s 中
x not in s	檢查 x 是否不存在 s 中

簡單的布林運算如下所示：

```
>>> x = True; y = False

>>> x and y
False

>>> x or y
True

>>> not x
False

>>> a = 9; b = 5

>>> a > b
True

>>> a < b
False

>>> a >= b
True

>>> a <= b
False

>>> a == b
False

>>> a != b
True

>>> y = a

>>> y is a
True
```

```
>>> y is not a
False
```

2.2 數字

　　Python 提供三種不同的數字類別：整數 (int)、浮點數 (float) 及複數 (complex)。基本數學運算子如表 2.2.1 所示。

表 2.2.1：基本數學運算子

運算子	說明
+, -, *, /	加、減、乘、除
//	整數除法取商
%	整數除法取餘數
+x, -x	單運算元，取正和取負
abs(x)	取絕對值
int(x)	將x變為整數 (整數位無條件捨去)
float(x)	將x變為浮點數
complex(re, im)	複數的實部 re, 虛部 im
c.conjugate()	c 的共軛複數
divmod(x, y)	(x//y, x%y)
pow(x, y) x ** y	x 的 y 次方

　　簡單的基本數學運算如下：

```
>>> 3.6 + 1.25
4.85

>>> x = 3.6; y = 1.25

>>> x + y
```

```
4.85

>>> x - y
2.35

>>> x * y
4.5

>>> x / y
2.88

>>> z = int(x)
>>> z
3

>>> float(z)
3.0

>>> w = -x
>>> w
-3.6

>>> abs(w)
3.6

>>> a = 5; b = 2

>>> a // b
2

>>> a % b
1

>>> divmod(a, b)
(2, 1)

>>> x = 2; y = 3
```

```
>>> x**y
8

>>> pow(y, x)
9

>>> c = 1 + 1j; d = complex(2, 2)

>>> d
(2+2j)

>>> c + d
(3+3j)

>>> d.conjugate()
(2-2j)
```

2.3 字串

　　Python 接受使用者以單引號或雙引號內的字元來建立字串，並可將引號內的文字指定給一字串變數。例如：

```
>>> color = 'red'
>>> look = "beautiful flower"
```

　　我們可以使用切片運算符 ([] 和 [:]) 與指標來取得字串變數內的字元。變數內字元的順序若從左到右的話，指標則分別為 0, 1, 2, ...，若從右到左的話，指標則分別為 -1, -2, -3, ...。使用加號 "+" 可以進行字串連接運算，乘號 "*" 進行字串重複操作。舉例如下：

```
>>> print(look)
beautiful flower

>>> print(look[4])
t
```

```
>>> print(look[2:6])
auti

>>> print(look[-6:-3])
flo

>>> look1 = look[0:9]
>>> print (look1)
beautiful

>>> look2 = look[-6:]
>>> print (look2)
flower

>>> look3 = look1 + ' ' + color + ' ' + look2
>>> print('It is a ' + look3 + '.')
It is a beautiful red flower.

>>> print((look + ' ') * 3)
beautiful flower beautiful flower beautiful flower
```

2.4 列表

列表 (list) 是 Python 最常用的一種資料類型。一個列表的內容是以中括弧 "[]" 包圍起來的資料項目，這些項目是以逗號 "," 分開的。一個空列表可以使用空的中括弧 [] 設定，也可以使用 list() 指令設定。依實際需要，列表中的資料類別可以是完全相同的，也可以是不相同的，而且這些資料項目的位置順序是重要的。也就是說，列表是一些有順序資料項的一個集合。存放在列表中的資料項目可以使用切片運算符 ([] 和 [:]) 與指標來取得，列表內資料項目的順序若從前到後的話，指標則分別為 0, 1, 2, ...，若從後面算起的話，指標則分別為 -1, -2, -3, ...。使用加號 "+" 可以進行資料項目連接運算，乘號 "*" 進行資料項目重複操作。例如：

```
>>> a = []; b = list()
>>> a; b
```

```
[]

>>> type(a); type(b)
<class 'list'>

>>> list_1 = [5, 3, 2, 9, 7]
>>> list_2 = ['red', 123, 4.56, 'flower']

>>> list_1; list_1[:]
[5, 3, 2, 9, 7]

>>> list_1[3]
9

>>> list_1[1:4]
[3, 2, 9]

>>> list_1[3:]
[9, 7]

>>> list_2[-1]
'flower'

>>> list_2[:2]; list_2[0:2]
['red', 123]

>>> list_2[-3:]; list_2[1:]
[123, 4.56, 'flower']

>>> list_2[-3:-1]; list_2[1:-1];
[123, 4.56]

>>> list_3 = list_1 + [10, 100, 1000]
>>> list_3
[5, 3, 2, 9, 7, 10, 100, 1000]

>>> list_4 = list_2 + [50.3, 'beautiful']
>>> list_4
```

```
['red', 123, 4.56, 'flower', 50.3, 'beautiful']

>>> list_2*3
['red', 123, 4.56, 'flower', 'red', 123, 4.56, 'flower',
'red', 123, 4.56, 'flower']
```

　　除了使用加號 "+" 來增加列表的內容之外，也可使用 append()、extend()與insert() 這三個指令增加列表內容。舉例如下：

```
>>> list_2.append(99)  # 在列表變數最後面增加一個資料項目
>>> list_2
['red', 123, 4.56, 'flower', 99]

>>> list_2.extend(['banana', 1.99])  # 將一列表之資料項目依序增加
                                        到列表的最後面
>>> list_2
['red', 123, 4.56, 'flower', 99, 'banana', 1.99]

>>> list_2.insert(2, 'better')  # 將資料項目better插入到原列表指
                                   標2的位置
>>> list_2
['red', 123, 'better', 4.56, 'flower', 99, 'banana', 1.99]
```

　　尋找列表內資料內容的操作有下列幾種，如下所示：

```
>>> list_5 = ['red', 'blue', 'green', 'yellow', 'red' ]

>>> list_5.count('red')  # 計算出資料項目在列表變數中的個數
2

>>> 'green' in list_5    # 檢查資料項目是否在列表變數之中
True

>>> 'black' in list_5
False
```

```
>>> list_5.index('yellow')  # 找出資料項目在列表變數中第一次出現的
                                 位置指標
3

>>> list_5.index('white')
Traceback (most recent call last):
  File "<pyshell#12>", line 1, in <module>
    list_5.index('white')
ValueError: 'white' is not in list
```

從列表中刪除資料項目的操作有下列幾種，如下所示：

```
>>> list_6 = ['banana', 10, 'grape', 11, 'apple']

>>> del list_6[1]             # 利用指標刪除資料項目
>>> list_6
['banana', 'grape', 11, 'apple']

>>> list_6.remove('grape')  # 利用資料項目名稱或數值移除資料項目
>>> list_6
['banana', 11, 'apple']

>>> list_6.remove(11)
>>> list_6
['banana', 'apple']

>>> list_6.remove('banana', 'apple')
      # 一次只能移除一個資料項目，否則會出現錯誤訊息
Traceback (most recent call last):
  File "<pyshell#58>", line 1, in <module>
    list_6.remove('banana', 'apple')
TypeError: remove() takes exactly one argument (2 given)

>>> list_6.remove('grape')  # 要刪除的資料不在列表變數中會出現錯誤訊息
Traceback (most recent call last):
  File "<pyshell#59>", line 1, in <module>
    list_6.remove('grape')
ValueError: list.remove(x): x not in list
```

除了 del 與 remove() 之外,pop() 指令也可以刪除列表之資料項目,如下所示:

```
>>> list_7 = ['red', 'blue', 'green']
>>> list_7.pop()# 刪除列表中最後一個資料項目並將它顯示出來
'green'

>>> list_7
['red', 'blue']

>>> list_7.pop(1)# 移除列表中被指定之指標位置之資料項目並將它顯示出來
'blue'

>>> list_7
['red']

>>> list_7.pop()
'red'

>>> list_7
[]

>>> list_7.pop() # 移除空集合列表之資料項目會出現錯誤訊息
Traceback (most recent call last):
  File "<pyshell#14>", line 1, in <module>
    list_7.pop()
IndexError: pop from empty list
```

2.5 元組

元組 (tuple) 就相當於是一個產生之後就不可改變的列表。一個元組的內容是以逗號 "," 分開的資料項目,習慣上會以小括弧 () 將這些資料項目包圍起來。單一個資料項目的元組在資料項目後面一定要有一個逗號。一個空元組可以使用空的小括弧 () 設定,也可以使用 tuple() 指令設定。例如:

```
>>> a = (); b = tuple()
>>> a; b
()
>>> type(a); type(b)
<class 'tuple'>

>>> c = 'cat',
>>> c1 = ('cat',)
>>> d = 'cat'

>>> c; c1
('cat',)

>>> type(c); type(c1)
<class 'tuple'>

>>> type(d)
<class 'str'>

>>> e = 10,
>>> e1 = (10,)
>>> f = 10
>>> e; e1
(10,)
>>> f
10
>>> type(e); type(e1)
<class 'tuple'>
>>> type(f)
<class 'int'>
```

　　和列表一樣，元組中的資料類別可以是完全相同的，也可以是不相同的，而且這些資料項目的位置順序是重要的。也就是說，元組也是一些有順序資料項的一個集合。元組也可以使用切片 ([] 和 [:])，加號 "+" 連接功能，乘號 "*" 重複功能等運算符操作，其操作方式和列表完全相同，在此不再贅述。

元組和列表最大的差別就是列表可以使用 append(), extend(), insert(), del, remove() 與 pop() 等指令來改變資料內容，但是元組卻沒有這些或類似的指令可使用。舉例如下：

```
>>> tuple_1 = ('red', 123, 4.56, 'flower')
>>> tuple_1.append(99,) #出現錯誤訊息
Traceback (most recent call last):
  File "<pyshell#48>", line 1, in <module>
    tuple_1.append(99,)
AttributeError: 'tuple' object has no attribute 'append'

>>> tuple_1.extend(['banana', 1.99]) #出現錯誤訊息
Traceback (most recent call last):
  File "<pyshell#49>", line 1, in <module>
    tuple_1.extend(['banana', 1.99])
AttributeError: 'tuple' object has no attribute 'extend'

>>> tuple_1.insert(2, 'better')        #出現錯誤訊息
Traceback (most recent call last):
  File "<pyshell#51>", line 1, in <module>
    tuple_1.insert(2, 'better')
AttributeError: 'tuple' object has no attribute 'insert'

>>> del tuple_1[1]                     #出現錯誤訊息
Traceback (most recent call last):
  File "<pyshell#52>", line 1, in <module>
    del tuple_1[1]
TypeError: 'tuple' object doesn't support item deletion

>>> tuple_1.remove('red', 4.56)        #出現錯誤訊息
Traceback (most recent call last):
  File "<pyshell#50>", line 1, in <module>
    tuple_1.remove('red', 4.56)
AttributeError: 'tuple' object has no attribute 'remove'

>>> tuple_1.pop()#出現錯誤訊息
Traceback (most recent call last):
  File "<pyshell#53>", line 1, in <module>
```

```
   tuple_1.pop()
AttributeError: 'tuple' object has no attribute 'pop'
```

但是，像 count(), in, index() 等這些尋找指令在元組卻是可使用的，其操作方法和列表一樣。

既然已經有了列表，那為什麼還要使用元組呢？有一個重要的原因，是因為元組的運算速度比列表快，尤其是做迭代運算的時候。

列表可以使用 tuple() 指令將它轉換成元組；相同地，元組也可以使用 list() 指令將它轉成列表。例如：

```
>>> list_a = [1, 2, 3]
>>> type(list_a)
<class 'list'>

>>> tuple_a = tuple(list_a)
>>> tuple_a
(1, 2, 3)
>>> type(tuple_a)
<class 'tuple'>

>>> list_b = list(tuple_a)
>>> list_b
[1, 2, 3]
>>> type(list_b)
<class 'list'>
```

2.6 字典

Python 所提供的字典 (dictionary) 結構是一個無順序的鍵值對 (key-value pair) 的集合，也就是說，它的資料項目是鍵值對的組合，且利用逗號將每一個鍵值對分開，並利用大括弧 "{}" 將這些資料項目包圍起來。字典的鍵幾乎可以是任何 Python 的不可變資料類型例如字串、數字、元組、、、等，而列表不可以當作鍵來使用，因為列表的資料是可以改變的，習慣上大多使用數字或字串當作字典的鍵；另一方面，值可以是任意 Python 物件，例如數字、字

串、元組、列表、字典、numpy 陣列等。一個空字典可以使用空的大括弧 {}
設定,也可以使用 dict( ) 指令設定。例如:

```
>>> dict1 = {}
>>> dict1
{}
>>> type(dict1)
<class 'dict'>

>>> dict2 = dict()
>>> dict2
{}
>>> type(dict2)
<class 'dict'>
```

建立字典的方法有下列幾種,例如:

```
>>> dict_1 = {'color':'yellow', 'fruit':'banana'}
>>> dict_2 = dict({'color':'yellow', 'fruit':'banana'})
>>> dict_3 = dict([('color', 'yellow'), ('fruit', 'banana')])
>>> dict_4 = dict(zip(('color', 'fruit'), ('yellow', 'banana')))
>>> dict_5 = dict(color='yellow', fruit='banana')
```

上面所建立的 5 個字典,所使用的鍵是字串,內容是完全相同的:

```
>>> dict_1 == dict_2 == dict_3 == dict_4== dict_5
True
```

當字典使用數字當作鍵時,方法 5 會出現錯誤訊息,其餘的建立方法則一樣可
以使用,結果也相同:

```
>>> dict_6 = {1:'yellow', 2:'banana'}
>>> dict_7 = dict({1:'yellow', 2:'banana'})
>>> dict_8 = dict([(1, 'yellow'), (2, 'banana')])
>>> dict_9 = dict(zip((1, 2), ('yellow', 'banana')))
>>> dict_10 = dict(1='yellow', 2='banana')
SyntaxError: keyword can't be an expression
```

```
>>> dict_6 == dict_7 == dict_8 == dict_9
True
```

對於已經產生的字典，可以使用中括弧 [] 及鍵取出字典內的內容、修改內容、或增加新的鍵值對內容：

```
>>> dict_6[1]
yellow

>>> dict_6[2] = 'orange'
>>> dict_6['amount'] = 100

>>> dict_6
{1: 'yellow', 2: 'orange', 'amount': 100}
```

使用 del 指令可以刪除所指定字典鍵內的鍵值對內容：

```
>>> del dict_6[2]
>>> dict_6
{1: 'yellow', 'amount': 100}
```

而要刪除字典內所有的鍵值對內容則可以使用 clear 指令：

```
>>> dict_6.clear()
>>> dict_6
{}
```

最後，我們來建立一個包含有數字、字串、元組、列表與字典等內容的字典：

```
>>> dict_11 = {'number':11, 'string':'apple', 'tuple':(12,
               'banana'), 'list':[13, 'grape'], 'dict_12':
               {14:'yellow', 'list1':[11.2, 20.3]}}

>>> dict_11
```

```
{'list': [13, 'grape'], 'tuple': (12, 'banana'), 'number':
11, 'string': 'apple', 'dict_12': {'list1': [11.2, 20.3],
14: 'yellow'}}
```

使用 keys() 指令可以取得字典所使用的鍵：

```
>>> dict_11.keys()
dict_keys(['list', 'tuple', 'number', 'string', 'dict_12'])
```

使用 items() 指令可以取得字典所使用的鍵值對內容項目：

```
>>> dict_11.items()
dict_items([('list', [13, 'grape']), ('tuple', (12,
'banana')), ('number', 11), ('string', 'apple'), ('dict_12',
{'list1': [11.2, 20.3], 14: 'yellow'})])
```

2.7 習題

【習題 2.7.1】試產生下列指定的物件，並使用 type() 指令檢查其屬性。

(1) 內含 False 的布林物件。

(2) 內含 5 的整數物件。

(3) 內含 1.25 的實數物件。

(4) 內含 1+2.5j 的複數物件。

(5) 內含 apple 的字串物件。

(6) 內含 1, 2, 3.1, 3.2, 4+5j, orange 的列表物件。

(7) 內含 1, 2, 3.1, 3.2, 4+5j, orange 的元組物件。

(8) 分別以 0, 1, 1.1, 1+1j, fruit, list1, (2, 3) 為鍵名稱，產生一個內含上面 7 個物件內容的字典物件。

【習題 2.7.2】

(1) 產生一個內含 1.2, 3.4, 5.6, 7.8 的列表物件 x。

(2) 檢查 5 是否在物件 x 中,並將結果存入物件 a。

(3) 檢查 5 是否不在物件 x 中,並將結果存入物件 b。

(4) 分別以 <, <=, >, >=, ==, != 等運算指令,比較 a 和 b 兩個物件。

【習題 2.7.3】

(1) 分別求出 28910457 除以 50968 的整數部分和餘數部分。

(2) 以 divmod() 指令計算上面之結果。

(3) 計算 $2.5^3 + \sqrt{10}$ 的結果。

【習題 2.7.4】

(1) 產生一個內含 apple, pineapple, banana, grape, orange, watermelon 的列表物件 fruits。

(2) 利用 + 和 * 指令與 fruits 物件,產生內含 apple, pineapple, banana, pineapple, banana, grape, banana, grape, orange, grape, orange, watermelon 的列表物件 rep1_fruits。

(3) 利用 append(), extend(), insert() 和 * 指令與 fruits 物件,產生內含 apple, pineapple, banana, pineapple, banana, grape, banana, grape, orange, grape, orange, watermelon 的列表物件 rep2_fruits。

(4) 利用 del 指令移除 rep1_fruits 物件內之所有 banana,接著再利用 remove() 指令移除所有 grape。

(5) 利用 pop() 指令移除 rep2_fruits 物件內最後一項 watermelon,接著繼續利用 pop() 指令移除所有 orange。

(6) 將 rep2_fruits 列表物件轉換成 rep3_fruits 元組物件。利用 count() 指令計算出有多少個 pineapple 在 rep3_fruits中,再利用 index() 指令找出

pineapple 第一次出現的指標。分別檢查 banana 和 orange 是否在 rep3_fruits 中。

【習題 2.7.5】利用 keys() 指令顯示【習題 2.7.1】(8)字典物件中所有的鍵名稱,取出鍵名稱 list1 所對應的資料,將這些資料設定為物件 list2,並使用 type() 指令檢查其屬性。

陣列：Numpy

陣列 (array) 在科學運算是很重要的一個資料類別，其中所有的分量都必須是相同的資料類別。Numpy (Numeric Python) 是專門用來處理陣列及其運算的一個套件。首先我們須將 Numpy 載入：

```
>>> import numpy as np   # 載入 numpy package
```

欲了解這個套件之版本，可以使用下列之指令：

```
>>> np.__version__
```

欲了解這個套件之內容，可以使用下列之指令：

```
>>> np.info(np)
```

或

```
>>> help(np)   # right-click to preview
```

有關 Numpy 中之子套件請參考表 3.0.1。

表 3.0.1：Numpy 子套件

Subpackages	Task
doc	Topical documentation on broadcasting, indexing, etc
lib	Basic functions used by several sub-packages
random	Core Random tools
linalg	Core Linear Algebra tools
fft	Core FFT routines
polynomial	Polynomial tools
testing	Numpy testing tools
f2py	Fortran to Python Interface Generator
distutils	Enhancements to distutils with support for Fortran compilers support and more

在 Numpy 中, 若要找尋某個函數可以使用 np.lookfor()，其語法為

```
np.lookfor('keyword')
```

例如我們想要找尋有關 "isclose" 之函數，可以使用下列的指令：

```
>>> np.lookfor("isclose")

Search results for 'isclose'
---------------------------
numpy.isclose
    Returns a boolean array where two arrays are element-
wise equal within a numpy.allclose
    Returns True if two arrays are element-wise equal within
a tolerance.
```

Numpy 所提供的陣列稱為 ndarray，此陣列可看成是由元素組成的表格，裡面的每一個元素都必須是一樣的資料類別，如全部都是整數、全部都是浮點數或全部都是同一個使用者定義的物件。每個元素都有它的索引值，其中索引值必須是大於等於 0 的整數。在 Numpy 中，維度 (dimensions) 通常被稱為軸 (axes)，而軸的數目稱為 rank。

Numpy 的陣列型態為 ndarray。ndarray 的重要屬性包括：

▶ ndarray.ndim：陣列的維度，也稱為 rank。

▶ ndarray.shape：陣列的形狀大小，設有個陣列為 m 列 n 行，shape 為 (m, n)。

▶ ndarray.size：元素的總數。

▶ ndarray.dtype：每個元素的型態，可以是 numpy.int32, numpy.int16, 及 numpy.float64 等。

▶ ndarray.itemsize：每個元素大小。

▶ ndarray.data：指向資料的記憶體。

3.1 一維陣列

在本節我們介紹一維陣列。首先介紹如何產生一個一維陣列。假設我們想建構一個長度為 5 的實數陣列，可以使用如下的指令：

```
>>> a = np.array([1, 4, 5, 8, 7], dtype = float)
>>> a
array([ 1.,   4.,   5.,   8.,   7.])
```

請注意在宣告陣列時可以直接指定元素的資料類別。陣列在宣告時容易因格式問題而出錯，比方說：

```
>>> np.array(1, 4, 5, 8, 7)
Traceback (most recent call last):
  File "<pyshell#11>", line 1, in <module>
    np.array(1, 4, 5, 8, 7)
ValueError: only 2 non-keyword arguments accepted
```

要知道 a 的資料類別可以使用下面的指令：

```
>>> type(a)
<class 'numpy.ndarray'>
```

要知道 a 中元素的資料類別可以使用下面的指令：

```
>>> a.dtype
dtype('float64')
```

陣列 a 中元素的資料類別名稱可由下面的指令得到：

```
>>> a.dtype.name
'float64'
```

我們可以使用 astype() 指令更改陣列物件內元素的數據資料類別；例如將陣列 a 中的元素改成整數類別：

```
>>> a = a.astype(int)
>>> a.dtype
dtype('int32')
```

欲知 a 是幾維的陣列可使用下列的指令：

```
>>> a.ndim
1
```

要知道 a 的長度 (即 a 的元素個數) 可以使用下面的指令：

```
>>> len(a); a.size
5
```

若使用 np.shape() 可得如下之結果：

```
>>> np.shape(a); a.shape
(5,)
```

```
>>> np.shape(a)[0]
5
```

```
>>> np.shape(a)[1]
IndexError: tuple index out of range
```

　　當然我們也可建構一個複數陣列，比方說：

```
>>> np.array([-2+3j, 4-5j, 6.7+10.5j], dtype = complex)
array([-2.0 +3.j ,  4.0 -5.j ,  6.7+10.5j])
```

我們亦可建構一個字串陣列，比方說：

```
>>> np.array(["Pamela", "Monica", "Violana"], dtype = str)
array(['Pamela', 'Monica', ' Violana '], dtype='<U9')
```

　　下列指令可以產生一個長度為 3 的零陣列：

```
>>> np.zeros(3)
array([ 0.,  0.,  0.])
```

下列指令可以產生一個數值皆為 1 且長度為 3 的陣列：

```
>>> np.ones(3)
array([ 1.,  1.,  1.])
```

要建構一個 0, 1, 2, 3, 4 的整數陣列，可以使用下面的指令：

```
>>> np.arange(5, dtype = int)
array([0, 1, 2, 3, 4])
```

要建構一個 1, 3, 5, 7, 9 的整數陣列，可以使用下面的指令：

```
>>> np.arange(start = 1, stop = 10, step = 2, dtype = int)
array([1, 3, 5, 7, 9])
```

要得到 0 到 1 之間 10 個平均分佈的數值可使用下面的指令：

```
>>> np.linspace(start = 0, stop = 1, num = 10)
array([ 0.        ,  0.11111111,  0.22222222,  0.33333333,  0.44444444,
        0.55555556,  0.66666667,  0.77777778,  0.88888889,  1.        ])
```

要得到 0 到 2 之間 10 個依對數平均分佈的數值可使用下面的指令：

```
>>> np.logspace(start = 0, stop = 2, num = 10)
array([   1.        ,    1.66810054,    2.7825594 ,    4.64158883,
          7.74263683,   12.91549665,   21.5443469 ,   35.93813664,
         59.94842503,  100.          ])
```

我們可以使用下列指令找出陣列的第三個分量：

```
>>> a[2]
5.0
```

使用下列指令可以取出陣列的前三個分量：

```
>>> a[:3]
array([ 1.,  4.,  5.])
```

使用下列指令可以取出陣列的倒數第二個分量：

```
>>> a[-2]
8.0
```

使用下列指令可以取出陣列的由倒數第二個至最後的分量：

```
>>> a[-2:]
array([ 8.,  7.])
```

或我們可以直接刪除某些分量：

```
>>> np.delete(a, [1, 3])
array([ 1.,  5.,  7.])
```

我們也可以直接指定指標，而成為一個新的陣列：

```
>>> index = np.array([0, 4, 0, 1])
```

```
>>> a[index]; np.take(a, index); a.take(index)
array([ 1.,  7.,  1.,  4.])
```

我們可以很簡易地改變一個陣列的內容，舉例如下：

```
>>> d = np.array([11, 22, 33, 44])
>>> d
array([11, 22, 33, 44])

>>> d[1] = 55
>>> d
array([11, 55, 33, 44])

>>> d[[0, 1, 3]] = 101
>>> d
array([101, 101,  33, 101])

>>> index = [0, 1, 3]
>>> d[index] = 202
>>> d
array([202, 202,  33, 202])
```

我們可以使用 np.concatenate() 將兩個陣列左右合為一個陣列：

```
>>> a = np.array([1, 2])
>>> b = np.array([3, 4, 5])
>>> c = np.array([6, 7, 8, 9])

>>> np.concatenate((a, b))
array([1, 2, 3, 4, 5])

>>> np.concatenate((a, b, c))
array([1, 2, 3, 4, 5, 6, 7, 8, 9])
```

若要在 a 陣列最後加入 99 這個數，可以使用下列的指令：

```
>>> np.concatenate((a, [99]))
array([ 1,  2, 99])
```

若要在 a 陣列最後加入 88 和 99 這兩個數，可以使用下列的指令：

```
>>> np.concatenate((a, [88, 99]))
array([ 1,  2, 88, 99])
```

NumPy 提供常見的數學函數如 sin, cos 和 exp。在 NumPy 中，這些叫做 "通用函數" (ufunc, universal functions)。常用的內定數學函數有：

▶ sign(x)   # sign of x (符號)

▶ abs(x)   # absolute value (絕對值)

▶ sqrt(x)   # square root (開根號)

▶ log(x)   # natural logarithm of x (base-e) (自然對數)

▶ log10(x)   # base-10 logarithm (基底 10 的對數)

▶ log2(x)   # base-2 logarithm (基底 2 的對數)

▶ exp(x)   # exponential function (指數函數)

▶ sin(x)   # sine (x in radian) (正弦函數)

▶ cos(x)   # cosine (x in radian) (餘弦函數)

▶ tan(x)   # tangent (x in radian) (正切函數)

▶ arcsin(x)   # arcsin (inverse sine) (反正弦函數)

▶ arccos(x)   # arccos (inverse cosine) (反餘弦函數)

▶ arctan(x)   # arctan (inverse tangent) (反正切函數)

▶ math.factorial(n) # factorial (階乘函數)

- ▸ ceil(x) # smallest integers not less than the corresponding elements of x
  (大於或等於 x 的最小整數)

- ▸ floor(x) # largest integers not greater than the corresponding elements of x
  (小於或等於 x 的最大整數)

- ▸ rint(x) # round to nearest integer (四捨五入)

- ▸ trunc(x, ...) # integers formed by truncating the values in x toward 0
  (整數位無條件捨去)

- ▸ round (x, decimals = 0) # round the values in x to the specified number of decimal places
  (依指定小數點位數四捨五入)

- ▸ unique(x) # extract unique elements (去除重複的分量)

- ▸ sum(x) # sum of elements in vector (分量總和)

- ▸ cumsum(x) # cumulative sums of elements in vector (a vector)
  (分量之累積和)

- ▸ prod(x) # product of elements in vector (分量積)

- ▸ cumprod(x) # cumulative products of elements in vector (a vector)
  (分量之累乘積)

- ▸ min(x) # smallest value in vector (分量最小值)

- ▸ argmin(x) # first index i such that x[i] achieves the minimum
  (能達到所有分量最小值的第一個指標)

- ▸ minimum(x, y) # (parallel) minima of the two input arrays of the same type
  (兩個相同類別且相同長度陣列中相對應分量之最小值)

- ▸ max(x) # largest value in vector (分量最大值)

- ▸ argmax(x) # first index i such that x[i] achieves the maximum
  (能達到所有分量最大值的第一個指標)

▶ maximum(x, y) # (parallel) maximum of the two input arrays of the same type
(兩個相同類別且相同長度陣列中相對應分量之最大值)

▶ len(x) # number of elements in a vector
(向量之分量個數，即向量長度)

▶ mean(x) # mean or average (平均值)

▶ median(x) # median (中數)

▶ var(x) # variance (變異數)

▶ std(x) # standard deviation (標準差)

▶ percentile # percentile (百分位數)

舉例說明：

```
>>> np.sign(np.array([-2.5, 0, 3.4]))
array([-1.,  0.,  1.])

>>> np.log(np.array([1, 10, 100]))
array([ 0.        ,  2.30258509,  4.60517019])

>>> np.log10(np.array([1, 10, 100]))
array([ 0.,  1.,  2.])

>>> np.log2(np.array([1, 2, 4, 8]))
array([ 0.,  1.,  2.,  3.])

>>> x = np.arange(5) * np.pi/4
>>> x
array([ 0.        ,  0.78539816,  1.57079633,  2.35619449,
3.14159265])

>>> sx = np.sin(x)
>>> sx
array([  0.00000000e+00,   7.07106781e-01,   1.00000000e+00,
         7.07106781e-01,   1.22464680e-16])
```

```
>>> asx = np.arcsin(sx)
>>> asx
array([  0.00000000e+00,   7.85398163e-01,   1.57079633e+00,
         7.85398163e-01,   1.22464680e-16])

>>> asx - x
array([  0.00000000e+00,  -1.11022302e-16,   0.00000000e+00,
        -1.57079633e+00,  -3.14159265e+00])

>>> np.math.factorial(4)
24

>>> x = np.array([1.123, 1.5, 1.999], float)
>>> x
array([ 1.123,  1.5  ,  1.999])

>>> np.ceil(x)
array([ 2.,  2.,  2.])

>>> np.floor(x)
array([ 1.,  1.,  1.])

>>> np.rint(x)
array([ 1.,  2.,  2.])

>>> np.trunc(np.array([-2.55, 0, 2.55]))
array([-2.,  0.,  2.])

>>> np.round(np.array([-1.123, 1.5, 1.999]))
array([-1.,  2.,  2.])

>>> np.round(np.array([-1.123, 1.5, 1.999]), decimals = 2)
array([-1.12,  1.5 ,  2.  ])

>>> np.unique(np.array([1, 1, 4, 5, 5, 5, 7]))
array([1, 4, 5, 7])
```

```
>>> x = np.array([1.123, 1.5, 1.999], float)
>>> x
array([ 1.123,  1.5  ,  1.999])

>>> np.sum(x); x.sum()
4.6219999999999999

>>> x = np.array([1.2, 3.5, -4.7, 0])
>>> x
array([ 1.2,  3.5, -4.7,  0. ])

>>> np.min(x); x.min()
-4.7000000000000002

>>> np.max(x); x.max()
3.5

>>> x = np.array([1.2, -4.7, -4.7, 0, 1.2])

>>> np.argmin(x); x.argmin()
1

>>> np.argmax(x); x.argmax()
0

>>> len(x)
5


>>> x = np.array([1.2, 3.5, -4.7, 0])
>>> y = np.array([0, 3.8, -4.5, 8])

>>> np.minimum(x, y)
array([ 0. ,  3.5, -4.7,  0. ])

>>> np.maximum(x, y)
array([ 1.2,  3.8, -4.5,  8. ])
```

若要計算向量 x 中所有分量的平均值 (mean)、中位數 (median)、變異數 (variance)、標準差 (standard deviation)、及百分位數 (percentile) 可使用下列指令：

```
>>> x = np.array([1.2, -4.7, -4.7, 0, 1.2, 2.8])
>>> x
array([ 1.2, -4.7, -4.7,  0. ,  1.2,  2.8])

>>> np.mean(x); x.mean()
-0.69999999999999984

>>> np.median(x)
0.59999999999999998

>>> np.var(x); x.var()
8.6599999999999984

>>> np.var(x, ddof = 0)   # divided by len(x)
8.6599999999999984

>>> np.var(x, ddof = 1)   # divided by len(x) - 1
10.391999999999999

>>> np.std(x); x.std()
2.9427877939124318

>>> np.std(x, ddof = 0)   # divided by len(x)
2.9427877939124318

>>> np.std(x, ddof = 1)   # divided by len(x) - 1
3.223662513353406

>>> np.percentile(x, [25, 50, 75, 100])
array([-3.525,  0.6  ,  1.2  ,  2.8  ])
```

接著來介紹兩個陣列間的運算。一維陣列的加減乘除及次方之運算是很容易瞭解的，例如：

```
>>> a = np.array([1, 4, 5, 8, 7], dtype = float)
>>> a
array([ 1.,   4.,   5.,   8.,   7.])

>>> b = np.array([1, 2, 3, 4, 5], dtype = int)
>>> b
array([1, 2, 3, 4, 5])

>>> a + b
array([  2.,   6.,   8.,  12.,  12.])

>>> a - b
array([ 0.,   2.,   2.,   4.,   2.])

>>> a * b
array([  1.,   8.,  15.,  32.,  35.])

>>> a / b
array([ 1., 2., 1.66666667, 2., 1.4])

>>> a**b
array([  1.00000000e+00,   1.60000000e+01,   1.25000000e+02,
         4.09600000e+03,   1.68070000e+04])
```

在上述之陣列運算中，一般來說陣列的維度必需符合運算之規則。但若維度不符時，在允許的情況下，其中一個陣列會擴張或傳佈 (broadcast)。例如：

```
>>> a + 5  # broadcast
array([  6.,   9.,  10.,  13.,  12.])

>>> b = np.array([1, 2, 3])
>>> a + b  # arrays do not match
ValueError: operands could not be broadcast together with
shapes (5,) (3,)
```

底下介紹求兩個向量的內積 (inner product) 的指令。例如：

```
>>> a = np.array([1, 2, 3])
>>> b = np.array([0, 1, 1])
```

則下列的四個指令皆可使用：

```
>>> np.dot(a, b)
>>> a.dot(b)
>>> np.inner(a, b)
>>> np.sum(a * b)
5
```

兩個向量的外積 (outer product) 可使用 np.outer() 的指令。例如：

```
>>> np.outer(a, b) # outer product
array([[0, 1, 1],
       [0, 2, 2],
       [0, 3, 3]])
```

兩個向量的叉積或向量積 (cross product) 可使用 np.cross() 的指令。例如：

```
>>> np.cross(a, b) # a vector perpendicular to both `a` and `b`
array([-1, -1,  1])
```

最後介紹陣列與其他資料類別之間的轉換。我們可以將一個陣列轉換為 list：

```
>>> a = np.array([1.1, 2.2, 3.3])
>>> a
array([ 1.1,  2.2,  3.3])

>>> b = list(a)
>>> b
[1.1000000000000001, 2.2000000000000002, 3.2999999999999998]

>>> type(b)
```

```
<class 'list'>

>>> c = a.tolist()
>>> c
[1.1, 2.2, 3.3]

>>> type(c)
<class 'list'>
```

我們可以將一個陣列轉換為字串 (string)，但我們卻無法看見其內容 (not in human-readable form)：

```
>>> s = a.tostring()   # convert to binary string
                       # (not in human-readable form)
>>> s
b'\x9a\x99\x99\x99\x99\x99\xf1?\x9a\x99\x99\x99\x99\x99\x01@
ffffff\n@'

>>> type(s)
<class 'bytes'>
```

若要回復為陣列，可以使用下列的指令：

```
>>> w = np.fromstring(s)   # convert back to array
>>> w
array([ 1.1,  2.2,  3.3])

>>> type(w)
<class 'numpy.ndarray'>
```

3.2 多維陣列

在本節我們介紹多維陣列，而常見的矩陣是一個二維陣列。首先介紹如何產生一個矩陣。給定一個如下 2×3 的矩陣

$$A = \begin{bmatrix} 1.2 & -3.4 & 5.6 \\ -6.5 & 4.3 & -2.1 \end{bmatrix}.$$

該如何建構呢？我們可以使用下面的指令依列 (by row) 放置數字：

```
>>> A = np.array([1.2, -3.4, 5.6, -6.5, 4.3, -2.1]).
reshape(2, 3)
>>> A = np.reshape([1.2, -3.4, 5.6, -6.5, 4.3, -2.1], (2, 3))
>>> A = np.array([[1.2, -3.4, 5.6], [-6.5, 4.3, -2.1]])
>>> A
array([[ 1.2, -3.4,  5.6],
       [-6.5,  4.3, -2.1]])
```

要知道矩陣 A 的資料類別可以使用下面的指令：

```
>>> type(A)
<class 'numpy.ndarray'>
```

要知道矩陣 A 中元素的資料類別可以使用下面的指令：

```
>>> A.dtype
dtype('float64')
```

矩陣 A 中元素的資料類別名稱可由下面的指令得到：

```
>>> A.dtype.name
'float64'
```

欲知 A 是幾維的陣列可使用下列的指令：

```
>>> A.ndim
2
```

想要知道一個矩陣的各個維度大小 (dimension) 可以使用下列的指令：

```
>>> np.shape(A); A.shape
(2, 3)
```

上一行中第一個整數 2 為列維度 (row dimension)，第二個整數 3 為行維度 (column dimension)。

若只想知道列維度可以使用下面這兩個指令：

```
>>> A.shape[0]; len(A)
2
```

若只想知道行維度可以使用下面這個指令：

```
>>> A.shape[1]
3
```

要知道 A 的長度 (即 A 的元素個數) 可以使用下面的指令：

```
>>> A.size; A.shape[0] * A.shape[1]
6
```

有趣的是一個的矩陣可以轉換為向量，其指標次序是依列來排序：

```
>>> A.flatten()
array([ 1.2, -3.4,  5.6, -6.5,  4.3, -2.1])

>>> A.ravel()
array([ 1.2, -3.4,  5.6, -6.5,  4.3, -2.1])

>>> A
array([[ 1.2, -3.4,  5.6],
       [-6.5,  4.3, -2.1]])
```

請注意 A 矩陣並未改變。

下列指令可以產生一個 2×3 的零矩陣 (zero matrix)：

```
>>> np.zeros((2, 3))
array([[ 0.,  0.,  0.],
       [ 0.,  0.,  0.]])
```

下列兩個指令皆可產生一個 3×3 零矩陣：

```
>>> np.zeros((3, 3))
>>> np.diag([0, 0, 0])
array([[0, 0, 0],
       [0, 0, 0],
       [0, 0, 0]])
```

要產生一個數值皆為 1 的 2×3 矩陣，可以使用下列的指令：

```
>>> np.ones((2, 3))
array([[ 1.,  1.,  1.],
       [ 1.,  1.,  1.]])
```

下列指令可以產生一個 3×3 單位矩陣 (unit matrix, identity matrix)：

```
>>> np.identity(3)
>>> np.eye(3)
>>> np.diag([1, 1, 1])
array([[1, 0, 0],
       [0, 1, 0],
       [0, 0, 1]])
```

下列指令可產生一個對角分量分別為 1, 2, 3 的 3×3 對角矩陣 (diagonal matrix)：

```
>>> np.diag([1, 2, 3])
array([[1, 0, 0],
       [0, 2, 0],
       [0, 0, 3]])
```

兩個矩陣的加、減和乘法運算是很容易瞭解的，例如：

```
>>> A = np.array(np.arange(1, 10)).reshape(3, 3)
>>> A
array([[1, 2, 3],
       [4, 5, 6],
       [7, 8, 9]])

>>> B = np.array(np.arange(2, 11)).reshape(3, 3)
>>> B
array([[ 2,  3,  4],
       [ 5,  6,  7],
       [ 8,  9, 10]])

>>> A + B
array([[ 3,  5,  7],
       [ 9, 11, 13],
       [15, 17, 19]])

>>> A - B
array([[-1, -1, -1],
       [-1, -1, -1],
       [-1, -1, -1]])
```

一般之矩陣相乘可以使用 np.dot() 指令。例如：

```
>>> np.dot(A, B); A.dot(B)
array([[ 36,  42,  48],
       [ 81,  96, 111],
       [126, 150, 174]])
```

請注意 np.dot(A, B) 與 A * B 是不同的，如下所示：

```
>>> A * B
array([[ 2,  6, 12],
       [20, 30, 42],
       [56, 72, 90]])
```

　　在上述之矩陣運算中，一般來說矩陣的維度必需符合運算之規則。但若維度不符時，在允許的情況下，其中一個矩陣會擴張或傳布 (broadcast)。例如：

```
>>> C = np.array([[1, 2], [3, 4], [5, 6]])
>>> C
array([[1, 2],
       [3, 4],
       [5, 6]])

>>> C + 5  # broadcast
array([[ 6,  7],
       [ 8,  9],
       [10, 11]])

>>> d1 = np.array([-1, 3])
>>> d1
array([-1,  3])

>>> C + d1  # broadcast
>>> array([[0, 5],
       [2, 7],
       [4, 9]])

>>> C + d1[np.newaxis, :]  # broadcast row-wise
array([[0, 5],
       [2, 7],
       [4, 9]])

>>> d2 = np.array([-1, 3, 2])
>>> d2
array([-1,  3,  2])

>>> C + d2[:, np.newaxis]  # broadcast column-wise
>>> array([[0, 1],
       [6, 7],
       [7, 8]])

>>> d3 = np.array([[-1, 3], [1, -3]])
```

```
>>> d3
array([[-1,  3],
       [ 1, -3]])

>>> C + d3
ValueError: operands could not be broadcast together with
shapes (3,2) (2,2)
```

我們可以使用下列指令找出矩陣 A 的第二列第三個分量：

```
>>> A[1, 2]
6
```

使用下列指令可以取出矩陣 A 的第一列資料：

```
>>> R1 = A[0,:]
>>> R1
array([1, 2, 3])
```

或

```
>>> A[0,]
array([1, 2, 3])
```

請特別注意 R1 並不是一個 1×3 的矩陣，而是一個向量。因此下面這個指令
會產生錯誤的結果：

```
>>> R1[0, 2]
IndexError: too many indices for array
```

但下列指令卻是可行的：

```
>>> np.dot(R1, A)
array([30, 36, 42])
```

```
>>> np.dot(A, R1)
array([14, 32, 50])
```

使用下列指令可以取出矩陣 A 的第一行資料：

```
>>> A[:, 0]
array([1, 4, 7])
```

但卻不可用下列的指令：

```
>>> A[, 0]
SyntaxError: invalid syntax
```

　　我們可將一維的陣列轉為一個列向量：

```
>>> RV = R1[np.newaxis, :]   # convert to a row vector (a
matrix)
>>> RV
array([[1, 2, 3]])

np.shape(RV)
(1, 3)
```

或是行向量：

```
>>> CV = R1[:, np.newaxis]   # convert to a column vector (a
matrix)
>>> CV
array([[1],
       [2],
       [3]])

>>> np.shape(CV)
(3, 1)
```

　　使用下列指令可以從一個矩陣中取得分量來形成另一個矩陣或向量。例如：

```
>>> A[[0, 2], :]; A[(0, 2), :]   # row slicing
array([[1, 2, 3],
       [7, 8, 9]])
```

```
>>> A[:, [0, 2]]; A[:, (0, 2)]  # column slicing
array([[1, 3],
       [4, 6],
       [7, 9]])

>>> A[-1, :]
array([7, 8, 9])

>>> A[:, -2]
array([2, 5, 8])

>>> A[-1, -2]
8

>>> A[-1, -2:]
array([8, 9])
```

或我們可以直接刪除某些列或行：

```
>>> x = np.delete(A, [0, 2], axis = 0)  # delete rows
>>> x
array([[4, 5, 6]])

>>> np.shape(x)
(1, 3)

>>> y = np.delete(A, [0, 2], axis = 1)  # delete columns
>>> y
array([[2],
       [5],
       [8]])

>>> np.shape(y)
(3, 1)
```

我們也可以直接指定列或行的指標，而成為一個新的矩陣。舉例如下：

```
>>> index = np.array([0, 0, 2, 1], dtype = int)

>>> A[index, :]; np.take(A, index, axis = 0); A.take(index,
axis = 0)
    # take rows
array([[1, 2, 3],
       [1, 2, 3],
       [7, 8, 9],
       [4, 5, 6]])

>>> A[:, index]; np.take(A, index, axis = 1); A.take(index,
axis = 1)
    # take columns
array([[1, 1, 3, 2],
       [4, 4, 6, 5],
       [7, 7, 9, 8]])

>>> row_index = np.array([0, 0, 2, 1, 0], int)
>>> column_index = np.array([0, 2, 1, 0, 2], int)
>>> A[row_index, column_index]  # paired indices
array([1, 3, 8, 4, 3])

>>> row_index = np.array([0, 0, 2, 1, 0, 2], int).reshape(2, 3)
>>> row_index
array([[0, 0, 2],
       [1, 0, 2]])
>>> column_index = np.array([0, 2, 1, 0, 2, 2],
int).reshape(2, 3)
>>> column_index
array([[0, 2, 1],
       [0, 2, 2]])
>>> A[row_index, column_index]  # paired indices
array([[1, 3, 8],
       [4, 3, 9]])

>>> index = [row_index, column_index]
```

```
[array([[0, 0, 2],
        [1, 0, 2]]),
 array([[0, 2, 1],
        [0, 2, 2]])]
>>> A[index]
array([[1, 3, 8],
       [4, 3, 9]])
```

我們可以使用 np.concatenate()、np.row_stack() 或 np.vstack() 將兩個行數相同的矩陣上下合為一個矩陣：

```
>>> A = np.array([[1, 2], [3, 4]], float)
>>> A
array([[ 1.,  2.],
       [ 3.,  4.]])

>>> B = np.array([[5, 6], [7, 8]], float)
>>> B
array([[ 5.,  6.],
       [ 7.,  8.]])

>>> np.concatenate((A, B))               # row bind
array([[ 1.,  2.],
       [ 3.,  4.],
       [ 5.,  6.],
       [ 7.,  8.]])

>>> np.concatenate((A, B), axis = 0)   # row bind
array([[ 1.,  2.],
       [ 3.,  4.],
       [ 5.,  6.],
       [ 7.,  8.]])

>>> np.row_stack((A, B))                 # row bind
array([[ 1.,  2.],
       [ 3.,  4.],
       [ 5.,  6.],
```

```
        [ 7.,   8.]])

>>> np.vstack((A, B))                # vertical stack
array([[ 1.,   2.],
        [ 3.,   4.],
        [ 5.,   6.],
        [ 7.,   8.]])
```

也可以使用 np.concatenate()、np.column_stack() 或 np.hstack() 將兩個兩個列數相同的矩陣左右合為一個矩陣：

```
>>> np.concatenate((A, B), axis = 1)   # column bind
array([[ 1.,   2.,   5.,   6.],
        [ 3.,   4.,   7.,   8.]])

>>> np.column_stack((A, B))            # column bind
array([[ 1.,   2.,   5.,   6.],
        [ 3.,   4.,   7.,   8.]])

>>> np.hstack((A, B))  # horizontal stack
array([[ 1.,   2.,   5.,   6.],
        [ 3.,   4.,   7.,   8.]])
```

接著我們再來介紹一些矩陣運算。使用下列指令可以求出矩陣 A 的轉置矩陣 (transpose)：

```
>>> A = np.array([[1, 2, 3], [4, 5, 6], [7, 8, 9]])
>>> A
array([[1, 2, 3],
        [4, 5, 6],
        [7, 8, 9]])

>>> np.transpose(A)
array([[1, 4, 7],
        [2, 5, 8],
        [3, 6, 9]])

>>> A.transpose()
```

因此要求出 A 的 grammian 矩陣 $A^T A$ 可以使用下列指令：

```
>>> np.dot(np.transpose(A), A)
array([[ 66,  78,  90],
       [ 78,  93, 108],
       [ 90, 108, 126]])
```

使用下列指令可以取得一個方陣 (square matrix) 的對角線分量：

```
>>> np.diag(A)
array([1, 5, 9])
```

而一個方陣的跡數 (trace) 是對角線分量之和，可以由下列指令得到：

```
>>> np.sum(np.diag(A))
15
```

假如對一個給定的矩陣，我們想要依行求出各行之總和，可以使用下列的指令：

```
>>> np.sum(A, axis = 0); A.sum(axis = 0)
    # along the first axis (by column)
array([12, 15, 18])
```

若要依列求出平均值，可以使用下列的指令：

```
>>> np.mean(A, axis = 1); A.mean(axis = 1)
    # along the second axis (by row)
array([ 2.,  5.,  8.])
```

在 Numpy 中有個子套件 linalg 可以用來處理一些矩陣及線性代數的問題。欲了解這個套件之內容，可以使用下列之指令：

```
>>> help(np.linalg)
```

假設

$$A = \begin{bmatrix} 1 & 3 & 2 \\ 0 & 0.5 & 1 \\ 0 & 0 & 0.25 \end{bmatrix}.$$

這個矩陣的行列式 (determinant) 可由下列指令求得：

```
>>> A = np.array([[1, 3, 2], [0, 0.5, 1], [0, 0, 0.25]])
>>> np.linalg.det(A)
0.125
```

若一個方陣是非奇異的 (nonsingular)，則反矩陣 A^{-1} 存在且唯一；此時我們可用下列指令求得此反矩陣：

```
>>> Ainv = np.linalg.inv(A)
>>> Ainv
array([[ 1.,  -6.,  16.],
       [ 0.,   2.,  -8.],
       [ 0.,   0.,   4.]])

>>> np.dot(A, Ainv)  # must be an identity matrix
```

若要解一個線性方程組 (system of linear equations) $Ax = b$ 可用下列指令來求解。例如：

```
>>> A = np.array([[1, 3, 2], [0, 0.5, 1], [0, 0, 0.25]])
>>> A
>>> b = np.array([2, 1, 3])
>>> x = np.linalg.solve(A, b)
>>> x
array([ 44., -22.,  12.])
>>> np.allclose(b, np.dot(A, x))
    # element-wise equal within a tolerance or not
True
```

其中 np.allclose() 是用來檢驗兩個陣列的每個相對元素的差距是否在給定誤差容忍度內 (預設的相對容忍度是 10^{-5}，絕對容忍度是 10^{-8})。

若要求一個線性方程組的最小平方解 (least-squares solution) 可使用 np.linalg.lstsq() 之指令。例如：

```
>>> A = np.array([[0, 0, 4], [2, 1, 1], [0, 3, 1]])
>>> A
>>> b = np.array([4, 5, 6])
>>> np.linalg.lstsq(A, b, rcond = None)
```

欲求一個方陣之 Choleski 分解 (Choleski decomposition) 可以使用 np.linalg.cholesky() 之指令。例如：

```
>>> A = np.array([[1, 2, 3], [2, 6, 14], [3, 14, 44]])
>>> A
>>> L = np.linalg.cholesky(A)
>>> L
>>> np.allclose(A, np.dot(L, np.transpose(L)))
True
```

欲求一個方陣之特徵值 (eigenvalue) 及特徵向量 (eigenvector) 可以使用 np.linalg.eig() 之指令。例如：

```
>>> A = np.array([[1, 0, 0], [4, 2, 0], [5, 7, 3]])
>>> eigenvalues, eigenvectors = np.linalg.eig(A)
>>> eigenvalues
>>> eigenvectors
```

若要求一個正定矩陣之 QR 分解 (QR decomposition) 可以使用 np.linalg.qr() 之指令。例如：

```
>>> A = np.array([[0, 1], [1, 1], [1, 1], [2, 1]])
>>> A
>>> q, r = np.linalg.qr(A)
>>> q
```

```
>>> r
>>> np.allclose(A, np.dot(q, r))
True
```

若要求一個矩陣之奇異值分解 (singular value decomposition) 可以使用
np.linalg.svd() 之指令。例如：

```
>>> A = np.array([[2, 0], [0, -3], [0, 0]])
>>> A
>>> U, S, Vh = np.linalg.svd(A)
>>> U
>>> S
>>> Vh
>>> D = np.zeros((3, 2), dtype = complex)
>>> D[0, 0] = S[0]
>>> D[1, 1] = S[1]
>>> D
>>> np.dot(U, np.dot(D, Vh))
>>> np.allclose(A, np.dot(U, np.dot(D, Vh)))
True
```

一個陣列可以有 3 或 3 個以上的索引結構。例如：

```
>>> A = np.arange(1, 25).reshape((2, 4, 3))
>>> A
array([[[ 1,  2,  3],
        [ 4,  5,  6],
        [ 7,  8,  9],
        [10, 11, 12]],

       [[13, 14, 15],
        [16, 17, 18],
        [19, 20, 21],
        [22, 23, 24]]])
```

對於上面這個陣列的分量排列方式，一個簡單記法是我們會得到 2 個 4×3 的矩陣，而數字是依列放置的。另一個簡單的記法是，當填入數字時，愈右邊的指標跑得愈快。

由一個三維的陣列中取出一些分量時要很小心指標的範圍。例如：

```
>>> A[0, 1, 2]
6

>>> A[:, (0, 1), :]
array([[[ 1,  2,  3],
        [ 4,  5,  6]],

       [[13, 14, 15],
        [16, 17, 18]]])

>>> A[0, (0, 1), :]
array([[1, 2, 3],
       [4, 5, 6]])

>>> A[0, (0, 1), 1]
array([2, 5])
```

3.3 資料複製

將一個物件內的部分資料或全部資料複製到另一物件是經常使用的操作。Python 提供多種資料複製的操作方法，其中有一些方法在完成複製動作之後，若其中一個物件經過算術運算後改變了物件之內容，則另一個物件的內容也會跟著變動。這是很嚴重的問題，程式設計者要非常小心。接著我們用實際的例子來做說明。

我們先載入底下兩個套件：

```
>>> import numpy as np
>>> import copy
```

首先考慮一維陣列的複製。給定一個一維陣列 u 如下：

```
>>> u = np.array([0, 1, 2, 3, 4, 5])
```

底下我們使用 6 種複製方法：

```
>>> v = u                  # 僅給物件 u 一個新名稱 v
>>> w = u[:]               # cloning
>>> x = u.copy()           # 產生一個新的獨立的物件 x
>>> y = np.copy(u)         # 產生一個新的獨立的物件 y
>>> z1 = copy.copy(u)      # 淺複製
>>> z2 = copy.deepcopy(u)  # 深複製
```

複製動作完成後 7 個物件的內容都相同：

```
>>> u; v; w; x; y; z1; z2
array([0, 1, 2, 3, 4, 5])
```

我們也可以使用下列指令檢查出 6 個複製物件的內容和原物件 u 是相同的：

```
>>> v == u; w == u; x == u; y == u; z1 == u; z2 == u
array([ True,  True,  True,  True,  True,  True],
dtype=bool)
```

如果要檢查這 6 個物件是否與原物件為同一物件，可以使用下列的指令：

```
>>> [v is u, w is u, x is u, y is u, z1 is u, z2 is u]
[True, False, False, False, False, False]
```

由上列結果可知，v 和 u 是同一個物件；這也可以由執行下列指令之結果看出
v 和 u 是存放在相同的記憶體位置：

```
>>> [id(v) == id(u), id(w) == id(u), id(x) == id(u), id(y)
== id(u),
    id(z1) == id(u), id(z2) == id(u)]
[True, False, False, False, False, False]
```

```
>>> id(u); id(v); id(w); id(x); id(y); id(z1); id(z2)
59423304
59423304
59423544
59390816
59423344
59389936
59390736
```

接著看一看對一維陣列的單一分量做算術運算之後的情形：

```
>>> v[0] = v[0] + 1; w[0] = w[0] + 2;
>>> x[0] = x[0] + 10; y[0] = y[0] + 11;
>>> z1[0] = z1[0] + 12; z2[0] = z2[0] + 13

>>> u; v; w; x; y; z1; z2
array([3, 1, 2, 3, 4, 5])
array([3, 1, 2, 3, 4, 5])
array([3, 1, 2, 3, 4, 5])
array([10,  1,  2,  3,  4,  5])
array([11,  1,  2,  3,  4,  5])
array([12,  1,  2,  3,  4,  5])
array([13,  1,  2,  3,  4,  5])
```

由上面的結果發現，u、v 與 w 這 3 個一維陣列在對單一分量做算術運算時物件內容會一起更動，而其餘 4 個物件則各自獨立不受影響，這一點讀者要特別留意。

但是，若對一維陣列做向量算術運算的話，則 6 種複製方法所得到的結果並不互相影響，如下所示：

```
>>> u = np.array([0, 1, 2, 3, 4, 5])
>>> v = u; w = u[:];
>>> x = u.copy(); y = np.copy(u);
>>> z1 = copy.copy(u); z2 = copy.deepcopy(u)

>>> v = v + 1; w = w + 2;
```

```
>>> x = x + 3; y = y + 4;
>>> z1 = z1 + 5; z2 = z2 + 6

>>> u; v; w; x; y; z1; z2
array([0, 1, 2, 3, 4, 5])
array([1, 2, 3, 4, 5, 6])
array([2, 3, 4, 5, 6, 7])
array([3, 4, 5, 6, 7, 8])
array([4, 5, 6, 7, 8, 9])
array([ 5,  6,  7,  8,  9, 10])
array([ 6,  7,  8,  9, 10, 11])
```

再來考慮二維陣列的複製。給定一個二維陣列 u 如下：

```
>>> u = np.array([[1, 2, 3], [4, 5, 6]])
```

我們依然使用前述的 6 種複製方法：

```
>>> v = u                    # 僅給物件 u 一個新名稱 v
>>> w = u[:]                 # cloning
>>> x = u.copy()             # 產生一個新的獨立的物件 x
>>> y = np.copy(u)           # 產生一個新的獨立的物件 y
>>> z1 = copy.copy(u)        # 淺複製
>>> z2 = copy.deepcopy(u)    # 深複製
```

複製動作完成後 7 個物件的內容都相同：

```
>>> u; v; w; x; y; z1; z2
array([[1, 2, 3],
       [4, 5, 6]])
```

我們也可以使用下列指令檢查出 6 個複製物件的內容和原物件 u 是相同的：

```
>>> v == u; w == u; x == u; y == u; z1 == u; z2 == u
array([ True,  True,  True,  True,  True,  True], dtype=bool)
```

如果要檢查這 6 個物件是否與原物件為同一物件，可以使用下列的指令：

```
>>> [v is u, w is u, x is u, y is u, z1 is u, z2 is u]
[True, False, False, False, False, False]
```

由上列結果可知 v 和 u 是同一個物件；這也可以由執行下列指令之結果看出 v
和 u 是存放在相同的記憶體位置：

```
>>> [id(v) == id(u), id(w) == id(u), id(x) == id(u), id(y)
    == id(u), id(z1) == id(u), id(z2) == id(u)]
[True, False, False, False, False, False]

>>> id(u); id(v); id(w); id(x); id(y); id(z1); id(z2)
59390736
59390736
59423384
59423464
59423064
59423344
59423144
```

接著看一看對二維陣列的單一分量做算術運算之後的情形：

```
>>> v[0, 0] = v[0, 0] + 1; w[0, 0] = w[0, 0] + 2;
>>> x[0, 0] = x[0, 0] + 10; y[0, 0] = y[0, 0] + 11;
>>> z1[0, 0] = z1[0, 0] + 12; z2[0, 0] = z2[0, 0] + 13

>>> u; v; w; x; y; z1; z2
array([[4, 2, 3],
       [4, 5, 6]])
array([[4, 2, 3],
       [4, 5, 6]])
array([[4, 2, 3],
       [4, 5, 6]])
array([[11,  2,  3],
       [ 4,  5,  6]])
array([[12,  2,  3],
```

```
        [ 4,   5,   6]])
array([[13,   2,   3],
        [ 4,   5,   6]])
array([[14,   2,   3],
        [ 4,   5,   6]])
```

如同一維陣列的情況，u、v 與 w 這 3 個二維陣列在對單一分量做算術運算時物件內容會一起更動，而其餘 4 個物件則各自獨立不受影響。

再來看看對二維陣列單一列做算術運算後的情形，其指令如下：

```
>>> u = np.array([[1, 2, 3], [4, 5, 6]])
>>> v = u; w = u[:];
>>> x = u.copy(); y = np.copy(u);
>>> z1 = copy.copy(u); z2 = copy.deepcopy(u)

>>> v[0, :] = v[0, :] + 1; w[0, :] = w[0, :] + 2;
>>> x[0, :] = x[0, :] + 10; y[0, :] = y[0, :] + 11;
>>> z1[0, :] = z1[0, :] + 12; z2[0, :] = z2[0, :] + 13

>>> u; v; w; x; y; z1; z2
array([[4, 5, 6],
        [4, 5, 6]])
array([[4, 5, 6],
        [4, 5, 6]])
array([[4, 5, 6],
        [4, 5, 6]])
array([[11, 12, 13],
        [ 4,  5,  6]])
array([[12, 13, 14],
        [ 4,  5,  6]])
array([[13, 14, 15],
        [ 4,  5,  6]])
array([[14, 15, 16],
        [ 4,  5,  6]])
```

接著看看對二維陣列單一行做算術運算後的情形，其指令如下：

```
>>> u = np.array([[1, 2, 3], [4, 5, 6]])
>>> v = u; w = u[:];
>>> x = u.copy(); y = np.copy(u);
>>> z1 = copy.copy(u); z2 = copy.deepcopy(u)

>>> v[:, 0] = v[:, 0] + 1; w[:, 0] = w[:, 0] + 2;
>>> x[:, 0] = x[:, 0] + 10; y[:, 0] = y[:, 0] + 11;
>>> z1[:, 0] = z1[:, 0] + 12; z2[:, 0] = z2[:, 0] + 13

>>> u; v; w; x; y; z1; z2
array([[4, 2, 3],
       [7, 5, 6]])
array([[4, 2, 3],
       [7, 5, 6]])
array([[4, 2, 3],
       [7, 5, 6]])
array([[11,  2,  3],
       [14,  5,  6]])
array([[12,  2,  3],
       [15,  5,  6]])
array([[13,  2,  3],
       [16,  5,  6]])
array([[14,  2,  3],
       [17,  5,  6]])
```

由上面的結果發現，u、v 與 w 這 3 個二維陣列在對單一列或單一行做算術運算時物件內容會一起更動，而其餘 4 個物件則各自獨立不受影響。

對二維陣列內的每一個分量逐一做算術運算的情形如下：

```
>>> u = np.array([[1, 2, 3], [4, 5, 6]])
>>> v = u; w = u[:];
>>> x = u.copy(); y = np.copy(u);
>>> z1 = copy.copy(u); z2 = copy.deepcopy(u)

>>> v[:, :] = v[:, :] + 1; w[:, :] = w[:, :] + 2;
```

```
>>> x[:, :] = x[:, :] + 10; y[:, :] = y[:, :] +11;
>>> z1[:, :] = z1[:, :] + 12; z2[:, :] = z2[:, :] + 13

>>> u; v; w; x; y; z1; z2
array([[4, 5, 6],
       [7, 8, 9]])
array([[4, 5, 6],
       [7, 8, 9]])
array([[4, 5, 6],
       [7, 8, 9]])
array([[11, 12, 13],
       [14, 15, 16]])
array([[12, 13, 14],
       [15, 16, 17]])
array([[13, 14, 15],
       [16, 17, 18]])
array([[14, 15, 16],
       [17, 18, 19]])
```

由上面的結果發現，u、v 與 w 這 3 個二維陣列在對每一個分量逐一做算術運算時物件內容會一起更動，而其餘 4 個物件則各自獨立不受影響。

若對二維陣列做向量算術運算的話，則 6 種複製方法所得到的結果並不互相影響，其結果如下列指令所示：

```
>>> u = np.array([[1, 2, 3], [4, 5, 6]])
>>> v = u; w = u[:];
>>> x = u.copy(); y = np.copy(u);
>>> z1 = copy.copy(u); z2 = copy.deepcopy(u)

>>> v = v + 1; w = w + 2;
>>> x = x + 3; y = y + 4;
>>> z1 = z1 + 5; z2 = z2 + 6

>>> u; v; w; x; y; z1; z2
array([[1, 2, 3],
       [4, 5, 6]])
array([[2, 3, 4],
```

```
        [5, 6, 7]])
array([[3, 4, 5],
       [6, 7, 8]])
array([[4, 5, 6],
       [7, 8, 9]])
array([[ 5,  6,  7],
       [ 8,  9, 10]])
array([[ 6,  7,  8],
       [ 9, 10, 11]])
array([[ 7,  8,  9],
       [10, 11, 12]])

>>> [v is u, w is u, x is u, y is u, z1 is u, z2 is u]
[False, False, False, False, False, False]
```

3.4 多項式

在本節我們介紹多項式 (polynomial)。給定一個多項式：

$$p(s) = 4s^4 + 3s^3 + 2s^2 + s - 5,$$

我們可以如下的列表 (list) 方式來表示：

```
>>> p = [4, 3, 2, 1, -5]
```

或以陣列 (array) 方式來表示：

```
>>> p = np.array([4, 3, 2, 1, -5])
```

或直接建立一個 poly1d 物件：

```
>>> p = np.poly1d([4, 3, 2, 1, -5])
```

```
>>> type(p)
<class 'numpy.lib.polynomial.poly1d'>
```

請注意多項式之格式是由最高次方係數排至常數項：

```
>>> p[0], p[1], p[2], p[3], p[4]
(-5, 1, 2, 3, 4)
```

因此 p[0] 是常數項，p[3] 是三次方係數。下列的執行結果是很有趣的：

```
>>> a = np.poly1d([0, 0, 1, 3, 0, 4])
>>> a
poly1d([1, 3, 0, 4])
```

請注意一些不必要的零係數已被刪除。

表 3.4.1 列出一些常用的多項式運算函式。

表 3.4.1：多項式運算函式

函式	說明
poly1d(a_list)	建構一維的 poly1d 物件
np.polyval(p, s)	計算 $p(s)$ 在點 s 之值
np.polyder(p, m = 1)	求出 $p(s)$ 的導數 (即微分值) $p'(s)$
np.polyint(p, m = 1)	求出 $p(s)$ 的反導數 (即積分值)
np.roots(p)	解出方程式 $p(s) = 0$ 之根，即 $p(s)$ 之零點
np.poly(seq_of_zeros)	給定零點 (即根)，求出多項式之係數
np.polyadd(a, b)	多項式相加；a(s) + b(s)
np.polysub(a, b)	多項式相減；a(s) - b(s)
np.polymul(a, b)	多項式相乘；a(s) * b(s)
np.polydiv(a, b)	多項式相除；a(s)/b(s)；回傳商及餘式
np.polyfit(x, y, deg)	求出線性回歸問題之最小平方估測

接著各位可以看看下列多項式運算函式之執行結果：

```
>>> p = np.poly1d([4, 3, 2, 1, -5])

>>> np.polyval(p, 1)   # p(1)
5

>>> np.polyval(p, 2+3j)   # p(2+3j)
(-627-426j)

>>> np.polyder(p)   # derivative of p(s)
poly1d([16,  9,  4,  1])

>>> np.polyint(p)   # Integration constant is set to zero by
                        default.
poly1d([0.8, 0.75, 0.66666667, 0.5, -5., 0.])

>>> np.roots(p)   # zeros of p(s)
array([-1.21116226+0.j, -0.16227452+1.13455328j,
       -0.16227452-1.13455328j, 0.78571130+0.j])

>>> a = np.poly([1, 2, 3])   # Get polynomial from zeros.
>>> a
array([ 1, -6, 11, -6])

>>> type(a)
<class 'numpy.ndarray'>

>>> a = [1, 2, 3, 4]
>>> b = [1, 2, 3]

>>> np.polyadd(a, b)   # polynomial addition
array([1, 3, 5, 7])

>>> np.polysub(a, b)   # polynomial subtraction
array([1, 1, 1, 1])

>>> np.polymul(a, b)   # polynomial multiplication
```

```
array([ 1, 4, 10, 16, 17, 12])

>>> np.polydiv(a, b)  # polynomial division
(array([ 1.,  0.]), array([ 4.]))

>>> q, r = np.polydiv(a, b)  # a = q * b + r

>>> q  # quotient polynomial
array([ 1.,  0.])

>>> r  # remainder polynomial
array([ 4.])
```

假設回歸問題之輸入資料 x 及輸出資料 y 為

```
>>> x = np.array([1, 2.5, 3.6, 3.2, 5.5])
>>> y = np.array([-2.5, 3.3, 0, 2.2, -7])
```

我們希望用如下的二次多項式的回歸模型：

$$y_i = \beta_0 + \beta_1 x_i + \beta_2 x_i^2 + \varepsilon_i.$$

最小平方估測 $\hat{\beta}_0$, $\hat{\beta}_1$, $\hat{\beta}_2$ 可由下列之指令得到：

```
>>> np.polyfit(x, y, deg = 2)  # quadratic polynomial regression
array([-1.30832325, 7.36291507, -8.1837674 ])
```

這結果說明了最小平方之預測函數為：

$$\hat{y} = -8.1837674 + 7.36291507 \cdot x - 1.30832325 \cdot x^2.$$

3.5 隨機樣本

在統計計算 (statistical computing)、機器學習 (machine learning)、演化計算 (evolutionary computing)、及軟計算 (soft computing) 等領域中，要如何產生某一種機率分佈的隨機樣本 (random sample) 是一件至關重要的事。在 Numpy 中有個子套件 random 可以用來產生指定機率分佈的隨機樣本。欲了解這個套件之內容，可以使用下列之指令：

```
>>> np.info(np.random)
```

或

```
>>> help(np.random)   # right-click to preview
```

在這個子套件中有許多標準的機率分佈函數可以使用。

假設我們要產生具標準常態分佈 (standard normal distribution) 的 3 個亂數 (即長度為 3 的隨機樣本)，可以使用如下的指令：

```
>>> np.random.randn(3)
array([ 0.07108353,  2.11117619,  0.36766607])
```

您得到的答案可能與上述的結果不同。若您再數次執行上面的指令，則您每次得到的結果皆不相同；這沒什麼可驚訝的，因為這是隨機樣本。在許多實際應用中，我們常常需要產生很多次的隨機樣本。為了能在不同時刻執行某個程式得到可複製的 (reproducible) 結果，我們必須設定亂數產生器 (random number generator) 的起始點，或說是亂數產生器的狀態 (state)。我們可以使用 np.random.seed() 這個函數。比方說：

```
>>> np.random.seed(543)   # set the random number seed
>>> np.random.randn(3)
array([-0.51594147, -0.4765681, 0.14110639])
```

同樣指令再執行一次：

```
>>> np.random.seed(543)
>>> np.random.randn(3)
array([-0.51594147, -0.4765681, 0.14110639])
```

我們得到完全一樣的結果。再者也可由下列指令得到完全一樣的結果：

```
>>> np.random.seed(543)
>>> np.random.normal(size = 3)
```

　　現在介紹如何產生一些具離散型機率分佈隨機樣本的指令。若要產生一個 $[5, 10]$ 間具均勻分佈 (uniform distribution) 的整數亂數，可以使用下列的指令：

```
>>> np.random.randint(low = 5, high = 10)
```

若要產生三個如此的整數亂數 (即長度為 3 的隨機樣本)，可以使用下列的指令：

```
>>> np.random.randint(low = 5, high = 10, size = 3)
```

　　若要產生具有二項分配分佈 (binomial distribution) 且長度為 3 的隨機樣本，可以使用類似下列的指令：

```
>>> np.random.binomial(n = 10, p = 0.4, size = 3)
```

其中 n 是實驗次數，p 是每次實驗成功的機率，size 是隨機樣本的長度。

　　若要產生具卜瓦松分佈 (Poisson distribution) 且長度為 3 的隨機樣本，可以使用類似下列的指令：

```
>>> np.random.poisson(lam = 6.0, size = 3)
```

其中 lam 是此機率分佈之期望值。

若要產生具幾何分佈 (geometric distribution) 且長度為 3 的隨機樣本，可以使用類似下列的指令：

```
>>> np.random.geometric(p = 0.2, size = 3)
```

其中 p 是每次實驗成功的機率。

再來介紹如何產生一些具連續型機率分佈隨機樣本的指令。若要產生一個 $[0, 1)$ 間具均勻分佈 (uniform distribution) 的實數亂數，可以使用下列的指令：

```
>>> np.random.sample()
>>> np.random.rand()
>>> np.random.uniform()
```

若要產生三個如此的亂數 (即長度為 3 的隨機樣本)，可以使用下列的指令：

```
>>> np.random.sample(3)
>>> np.random.rand(3)
>>> np.random.uniform(size = 3)
```

若要產生一個 2×3 的矩陣，其中每個元素皆為 $[0, 1)$ 間具均勻分佈的實數亂數，可以使用下列的指令：

```
>>> np.random.sample((2, 3))
>>> np.random.rand(6).reshape(2, 3)
>>> np.random.uniform(size = 6).reshape(2, 3)
```

若要產生三個 $[2, 4)$ 間具均勻分佈的實數亂數，可以使用下列的指令：

```
>>> np.random.uniform(low = 2, high = 4, size = 3)
```

假設我們要產生具標準常態分佈且長度為 3 的隨機樣本，可以使用如下的指令：

```
>>> np.random.normal(size = 3)
```

假設我們要產生具常態分佈 (normal distribution)，期望值為 1.5，標準差為 4，且長度為 3 的隨機樣本，可以使用如下的指令：

```
>>> np.random.normal(loc = 1.5, scale = 4.0, size = 3)
```

假設我們要產生具指數分佈 (exponential distribution) 且長度為 3 的隨機樣本，可以使用如下的指令：

```
>>> np.random.exponential(scale = 2, size = 3)
```

其中 scale 是比率參數 (scale parameter)。

假設一個二維常態分佈之均值向量 (mean vector) 及共變異方陣 (covariance) 分別為

$$\mu = \begin{bmatrix} 1 \\ 2 \end{bmatrix}, \Sigma = \begin{bmatrix} 1 & 0 \\ 0 & 1 \end{bmatrix}.$$

若要產生具常態分佈且長度為 9 的隨機樣本，並將其排成 3 個 3×2 的矩陣，可以使用如下的指令：

```
>>> mean = (1, 2)
>>> cov = [[1, 0], [0, 1]]
>>> np.random.seed(1)
>>> x = np.random.multivariate_normal(mean, cov, size = (3, 3))
>>> x
array([[[ 2.62434536,  1.38824359],
        [ 0.47182825,  0.92703138],
        [ 1.86540763, -0.3015387 ]],

       [[ 2.74481176,  1.2387931 ],
        [ 1.3190391 ,  1.75062962],
        [ 2.46210794, -0.06014071]],

       [[ 0.6775828 ,  1.61594565],
        [ 2.13376944,  0.90010873],
```

```
                 [ 0.82757179,  1.12214158]]])
```

```
>>> x.shape
(3, 3, 2)
```

　　最後介紹如何由給定的資料中產生與原資料類似機率分佈之隨機樣本的指令。假設在一個給定的序列中任意挑出一個數字，可以使用如下的指令：

```
>>> np.random.seed(1)
>>> np.random.choice([1, 3, 2, 4, 4, 5])
5
```

若要任意挑出三個如此的亂數 (即長度為 5 的隨機樣本)，可以使用下列的指令：

```
>>> np.random.seed(1)
>>> np.random.choice([1, 3, 2, 4, 4, 5], size = 5)
array([5, 4, 4, 1, 3])
```

```
>>> np.random.seed(1)
>>> np.random.choice([1, 3, 2, 4, 4, 5], size = 5,
        replace = True)
array([5, 4, 4, 1, 3])
```

請注意在上面的隨機重抽樣 (random resampling) 中，同一筆資料是可以被重複選取；這是屬於還原抽樣 (resampling with replacement)。在不還原抽樣 (resampling without replacement) 中，同一筆資料是不能被重複選取。例如：

```
>>> np.random.seed(1)
>>> np.random.choice([1, 3, 2, 4, 4, 5], size = 5,
        replace = False)
array([2, 3, 4, 1, 4])
```

假如我們想將一個給定序列中的數字混洗 (shuffle)，或說是隨機取出一個排列 (permutation)，可以使用下列三種不同的指令：

```
>>> y = np.array([1, 3, 2, 4, 4, 5, 3, 2, 1])
>>> y
array([1, 3, 2, 4, 4, 5, 3, 2, 1])

>>> z = np.copy(y)
>>> np.random.seed(1)
>>> np.random.shuffle(z)
>>> z
array([1, 2, 3, 2, 3, 1, 4, 4, 5])

>>> np.random.seed(1)
>>> np.random.choice(y, size = 9, replace = False)
array([1, 2, 3, 2, 3, 1, 4, 4, 5])

>>> np.random.seed(1)
>>> np.random.permutation(y)
array([1, 2, 3, 2, 3, 1, 4, 4, 5])
```

有時我們需要知道元素在一個整數向量中出現的次數，此時可以使用 np.bincount() 指令。np.bincount() 可以依序算出 0 到這個向量內元素最大數值，各個數字出現的個數。舉例說明如下：

```
>>> w = np.array([1, 3, 4, 4, 9, 3, 2, 1, 7, 2, 3, 5, 5])
>>> m = np.bincount(w)
>>> print(m)
[0 2 2 3 2 2 0 1 0 1]
```

由於 w 這一個向量中的元素中最大值為 9，np.bincount() 指令會計算出 0 到 9 這 10 個數字在 w 向量中出現的個數。由上列的結果顯示 0、1、2、3、、、 9，這 10 個數字，在 w 向量中分別出現 0、2、2、3、2、2、0、1、0 與 1 次。

3.6 記錄陣列

在一陣列中，所有的元素皆要屬於同一種資料類別，比方說都是整數。有時我們在儲存資料時，希望不同的 column 可儲存不同資料類別的資料。在 Numpy 中有這種資料類別，稱為記錄陣列 (record array, numpy.recarray)。假設我們要建構一個資料如下的記錄陣列：

```
c1        c2        c3
red       1         4.0
green     2         5.0
blue      3         6.0
```

首先建立一個數值皆為 0 的記錄陣列：

```
>>> ra = np.zeros((3,), dtype = ('a10, i4, f4'))
>>> ra
array([(b'', 0, 0.0), (b'', 0, 0.0), (b'', 0, 0.0)],
      dtype=[('f0', 'S10'), ('f1', '<i4'), ('f2', '<f4')])
```

其中 dtype 中之 'a10' 是代表長度為 10 的 string，'i4' 是代表 32-bit 整數，而 'f4' 代表 32-bit float；預設 column 的名稱為 'f0', 'f1', 'f2'。現在定義每個 column 之資料：

```
>>> c1 = ["red", "green", "blue"]
>>> c2 = [1, 2, 3]
>>> c3 = np.array([4, 5, 6], float)
```

然後將這些 column 寫入而完成此記錄陣列：

```
>>> ra[:] = list(zip(c1, c2, c3))
>>> ra
array([(b'red', 1, 4.0), (b'green', 2, 5.0), (b'blue', 3, 6.0)],
      dtype=[('f0', 'S10'), ('f1', '<i4'), ('f2', '<f4')])

>>> list(ra)
[(b'red', 1, 4.0), (b'green', 2, 5.0), (b'blue', 3, 6.0)]
```

我們可以將這些 column 重新命名：

```
>>> ra.dtype.names = ('c1', 'c2', 'c3')

>>> ra
array([(b'red', 1, 4.0), (b'green', 2, 5.0), (b'blue', 3, 6.0)],
       dtype=[('c1', 'S10'), ('c2', '<i4'), ('c3', '<f4')])
```

我們可以使用下列指令取出每個 row 之資料：

```
>>> ra[0]; ra[1]; ra[2]
(b'red', 1, 4.0)
(b'green', 2, 5.0)
(b'blue', 3, 6.0)
```

也可以使用下列指令取出每個 column 之資料：

```
>>> ra["c1"]
array([b'red', b'green', b'blue'], dtype='|S10')

>>> ra["c2"]
array([1, 2, 3])

>>> ra["c3"]
array([ 4.,  5.,  6.], dtype=float32)
```

3.7　檔案資料輸入與輸出

在本節我們介紹檔案資料輸入與輸出。函數 os.chdir() 可以用來設定工作目錄 (working directory)，以供將來所有輸出入使用。使用函數 os.getcwd() 可以查看工作目錄。為了底下說明之方便，首先我們重新啟動程式工作環境。這可以在 Python IDLE 選單所提供的 Shell 項目點選 Restart 即可重新啟動工作環境。

接著必須在硬碟建立好要設定為工作目錄的資料夾，例如 D:\Practical-Python-Programming\Python-Files：

```
>>> import os

>>> mywd = "D:\\Practical-Python-Programming\\Python-Files"
>>> os.chdir(mywd)
```

我們可以查看設定好的工作目錄：

```
>>> os.getcwd()
'D:\\Practical-Python-Programming\\Python-Files'
```

要特別注意的是，在執行上面這些指令前必須先確定已經建立好 D:\Practical-Python-Programming\Python-Files 這個資料夾，否則無法完成並會出現錯誤訊息。

使用 Numpy 裡面的 savetxt(), save() 與 savez() 三個函數可以將資料儲存到檔案中，日後可以使用 loadtxt() 或 load() 函數讀取檔案中之資料並可指定給某個變數。

savetxt() 函數主要是將一個陣列儲存成一個文字檔。例如：

```
>>> import numpy as np
>>> import os

>>> a = np.arange(10)
>>> a
array([0, 1, 2, 3, 4, 5, 6, 7, 8, 9])

>>> np.savetxt("savetext1.txt", a, fmt = '%i ')
```

上列指令的意思是將變數 a 的內容以整數型態 (fmt = '%i') 存到 savetext1.txt 這個文字檔中。

　　我們可以到工作目錄以記事本軟體打開 savetext1.txt 檔案，看到的內容是以列的方式呈現。如果要在記事本中讓看到的內容是以行的方式呈現的話，可以採下列指令來儲存：

```
>>> np.savetxt("savetext2.txt", a, fmt = '%i', newline = os.linesep)
```

這時用記事本打開 savetext2.txt 檔案，所看到的內容就是以行的方式呈現。

　　如果我們要儲存到文字檔的變數不只一個，必須將這些變數名稱放在小括弧內，例如：

```
>>> x = np.arange(5)
>>> y = np.linspace(10, 11, 5)
>>> z = np.arange(100, 105)

>>> x
array([0, 1, 2, 3, 4])
>>> y
array([ 10.  ,  10.25,  10.5 ,  10.75,  11.  ])
>>> z
array([100, 101, 102, 103, 104])

>>> np.savetxt("savetext3.txt", (x, y, z), fmt = '%.2f ')
```

上列指令的意思是以一個陣列將變數 x, y, z 的內容以小數兩位的實數型態 (fmt = '%.2f') 存到 savetext3.txt 這個文字檔中。此時使用記事本打開檔案後所看到內容是以一列的方式接續呈現出 x, y, z 的內容，也就是先顯示 x 的全部內容，再依序顯示 y 和 z 的全部內容。如果我們想要以每列一筆 x, y, z 資料方式儲存，也就是同一變數之值放在同一行的方式儲存，可以使用下列指令：

```
>>> x = x[:, np.newaxis]
>>> x
array([[0],
       [1],
       [2],
       [3],
       [4]])
```

```
>>> y = y[:, np.newaxis]
>>> y
array([[ 10.  ],
       [ 10.25],
       [ 10.5 ],
       [ 10.75],
       [ 11.  ]])

>>> z = z[:, np.newaxis]
>>> z
array([[100],
       [101],
       [102],
       [103],
       [104]])

>>> np.savetxt("savetext4.txt", np.hstack([x, y, z]),
        fmt = ['%i', '%0.2f', '%i'])
```

上列指令的意思是將變數 x, y, z 的內容分別以整數、小數兩位的實數與整數型態 (fmt = ['%i', '%0.2f', '%i']) 一筆接著一筆的存到 savetext4.txt 這個文字檔中。此時使用記事本打開檔案會看到內容是一筆 x, y, z 的資料接著另一筆 x, y, z 的資料 (即以列的方式呈現)；但是如此所呈現的資料不容易閱讀。事實上，我們可以使用下列指令以行的方式來儲存資料：

```
>>> np.savetxt("savetext5.txt", np.hstack([x, y, z]),
        fmt = ['%i', '%0.2f', '%i'], newline = os.linesep)
```

這時用記事本打開 savetext5.txt 檔案，所看到的內容就是以行的方式呈現，也就是第一行顯示 x 的資料，第二行顯示 y 的資料等；如此一來，資料就一目了然了。

在這邊要請讀者特別注意的是，使用 savetxt() 指令儲存多個變數的數值資料時每一個變數的長度要一樣，否則會出現錯誤訊息。

以 savetxt() 指令所儲存的文字檔資料，可以使用 loadtxt() 指令讀取並將其內容指定給一個變數。例如我們將前面所儲存的資料讀進來，指令如下：

```
>>> a1 = np.loadtxt("savetext1.txt")
>>> a1
array([ 0.,  1.,  2.,  3.,  4.,  5.,  6.,  7.,  8.,  9.])

>>> a2 = np.loadtxt("savetext2.txt")
>>> a2
array([ 0.,  1.,  2.,  3.,  4.,  5.,  6.,  7.,  8.,  9.])

>>> a3 = np.loadtxt("savetext3.txt")
>>> a3
array([[   0.  ,    1.  ,    2.  ,    3.  ,    4.  ],
       [  10.  ,   10.25,   10.5 ,   10.75,   11.  ],
       [ 100.  ,  101.  ,  102.  ,  103.  ,  104.  ]])

>>> a4 = np.loadtxt("savetext4.txt")
>>> a4
array([[   0.  ,   10.  ,  100.  ],
       [   1.  ,   10.25,  101.  ],
       [   2.  ,   10.5 ,  102.  ],
       [   3.  ,   10.75,  103.  ],
       [   4.  ,   11.  ,  104.  ]])

>>> a5 = np.loadtxt("savetext5.txt")
>>> a5
array([[   0.  ,   10.  ,  100.  ],
       [   1.  ,   10.25,  101.  ],
       [   2.  ,   10.5 ,  102.  ],
       [   3.  ,   10.75,  103.  ],
       [   4.  ,   11.  ,  104.  ]])
```

我們還可以使用 loadtxt() 指令指定文字檔內的行資料給選定的變數，例如：

```
>>> d0, d2 = np.loadtxt("savetext5.txt", unpack = True,
        usecols = [0, 2])
```

上列指令的意思是將 savetext5.txt 文字檔案內第 0 行與第 2 行的資料分別讀進來並指定給 d0, d2 兩個變數，因此：

```
>>> d0
array([ 0.,  1.,  2.,  3.,  4.])
>>> d2
array([ 100.,  101.,  102.,  103.,  104.])
```

我們要讀進來處理的資料除了 .txt 檔之外，也會經常遇到 .csv 和 .xls 或 .xlsx 檔；直接使用 loadtxt() 指令就可以將 .csv 的資料讀進來：

```
>>> import os

>>> mywd = "D:\\Practical-Python-Programming\\Python-Data-Sets"
>>> os.chdir(mywd)

>>> a = np.loadtxt("housing.csv")
>>> type(a)
<class 'numpy.ndarray'>
>>> a.shape
(506, 14)
```

Xlrd 套件是專門用來讀進 Excel (.xls 或.xlsx) 檔的。底下我們以讀進 Concrete.xls 為例做說明：

```
>>> import xlrd
>>> Concrete_workbook =  xlrd.open_workbook("Concrete.xls")
        # 打開 Excel 檔案
>>> Concrete_sheet = Concrete_workbook.sheets()[0]
        # 取得第一張工作表資料
>>> nrows = Concrete_sheet.nrows # 取得第一張工作表資料的列數
>>> ncols = Concrete_sheet.ncols # 取得第一張工作表資料的行數
>>> nrows
1031
>>> ncols
9
```

```
>>> i = 4
>>> irow = Concrete_sheet.row_values(i)  # 取得第一張工作表的第
                                            i 列資料
>>> icol = Concrete_sheet.col_values(i)  # 取得第一張工作表的第
                                            i 行資料
```

底下指令可以取得第一張工作表的完整資料：

```
>>> data = []
>>> for i in range(nrows):
        data.append(Concrete_sheet.row_values(i))

>>> d =np.array(data)
>>> d.shape
(1031, 9)
```

由上面的說明，我們可以簡單地自訂一個函數 read_excel，以 numpy.ndarry 的資料類別讓讀者指定要讀進 Execl 檔內哪一張工作表的資料：

```
>>> def read_excel (filename= 'file.xls',sheet_index=0):
        import numpy as np
        import xlrd
        workbook = xlrd.open_workbook(filename)
        sheet = workbook.sheets()[sheet_index]
        nrows = sheet.nrows
        data =[]
        for i in range(nrows):
          data.append(sheet.row_values(i))
        excel_data = np.array(data)
        return excel_data
```

其中 filename 是指要讀進來的 Excel 檔案名稱；sheet_index 是指要讀進來那一張工作表的指標。

現在我們利用 read_excel 函數讀進 Concrete.xls 第一張工作表資料；指令如下：

```
>>> filename = "Concrete.xls"
>>> sheet_index = 0
>>> Concrete_data = read_excel(filename, sheet_index)
>>> type(Concrete_data)
<class 'numpy.ndarray'>
>>> Concrete_data.shape
(1031, 9)
```

我們可以使用 Numpy 裡面的 save() 指令將 Numpy 陣列型態的變數儲存成 Numpy 專用的二進位格式 .npy 檔案，並使用 load() 指令將檔案內容讀進來指定給某個變數。例如：

```
>>> x1 = np.array([[1, 2, 3], [0.1, 0.2, 0.3]])
>>> y1 = np.array(["aa", "bb"])
>>> z1 = np.array([11, 12, 13, 14, 15])

>>> np.save("save1.npy", (x1, y1, z1))

>>> xyz = np.load("save1.npy")

>>> xyz
array([array([[ 1. ,   2. ,   3. ],
       [ 0.1,   0.2,   0.3]]),
       array(['aa', 'bb'],
       dtype='<U2'), array([11, 12, 13, 14, 15])], dtype=object)

>>> xyz[0]
array([[ 1. ,   2. ,   3. ],
       [ 0.1,   0.2,   0.3]])

>>> xyz[1]
array(['aa', 'bb'],
      dtype='<U2')
```

```
>>> xyz[2]
array([11, 12, 13, 14, 15])
```

從上面這個例子，我們不難發現，使用 save() 指令雖然也是以一個陣列的方式來儲存資料，但是它和 savetxt() 指令不同；save() 指令在儲存多個變數資料時，每一個變數的長度可以不一樣，甚至可以儲存多維陣列變數。

如果我們想要以多個陣列的方式來儲存多個變數的內容，則可以使用 Numpy 裡面的 savez() 指令，將資料儲存成 Numpy 專用的壓縮檔格式 .npz 檔案，並使用 load() 指令將檔案內容讀進來指定給某個變數。例如：

```
>>> np.savez("savez1", x1, y1, z1)

>>> npzdata1 = np.load("savez1.npz")

>>> npzdata1
<numpy.lib.npyio.NpzFile object at 0x00000000044B5DA0>
```

上面的指令是將 x1, y1, z1 三個變數儲存成 savez1.npz 壓縮檔，再以 load() 指令讀進來並指定給變數 npzdata1，然而打開變數 npzdata1 只會顯示它是一個 NpzFile 物件，無法看到裡面的內容。事實上，savez() 指令是以類似字典 (dictionary) 的資料型態來儲存資料。在上面的例子中，在儲存 x1, y1, z1 三個變數時並沒有指定各個變數的關鍵字，所以 savez() 指令對應地以預設的 'arr_0', 'arr_1' 和 'arr_2' 分別儲存 x1, y1, z1 三個變數的資料；這些關鍵字可以使用 npzdata1.keys() 指令顯示出來：

```
>>> npzdata1.keys()
['arr_1', 'arr_2', 'arr_0']
```

要取得 x1, y1, z1 三個變數的內容，就如同字典資料型態一樣要使用到這些關鍵字：

```
>>> npzdata1['arr_0']
array([[ 1. ,  2. ,  3. ],
       [ 0.1,  0.2,  0.3]])
```

```
>>> npzdata1['arr_1']
array(['aa', 'bb'],
      dtype='<U2')

>>> npzdata1['arr_2']
array([11, 12, 13, 14, 15])
```

當然，使用 savez() 指令時，我們也可以事先指定變數的關鍵字來儲存資料。
例如：

```
>>> np.savez("savez2", x1 = x1, y1 = y1, z1 = z1)
>>> npzdata2 = np.load("savez2.npz")

>>> npzdata2.keys()
['x1', 'y1', 'z1']

>>> data1 = npzdata2['x1']
>>> data1
array([[ 1. ,  2. ,  3. ],
       [ 0.1,  0.2,  0.3]])

>>> data2 = npzdata2['y1']
>>> data2
array(['aa', 'bb'],
      dtype='<U2')

>>> data3 = npzdata2['z1']
>>> data3
array([11, 12, 13, 14, 15])
```

上面的指令是分別以 x1, y1, z1 這三個關鍵字將 x1, y1, z1 這三個變數的資料
儲存到 savez2.npz 檔案，再以 load() 指令讀進來指定給變數 npzdata2，然後
分別取出物件 npzdata2 內關鍵字 x1, y1, z1 的資料給 data1, data2 和 data3 三
個變數。

有時我們以字典資料型態來儲存資料時，此字典中也包含另一個字典，也就是說這是一個階層式的字典。例如：

```
>>> dict1 = {'A': np.array([1,2,3]), 'B': np.array([4,5,6])}
>>> dict2 = {1: np.array(["apple", "banana"]),
        2: np.array([[11, 12, 13, 14],[15, 16, 17]])}

a = {'dict1': dict1, 'dict2': dict2}

>>> a.keys()
dict_keys(['dict2', 'dict1'])
```

上面的 a 是一個字典物件，而且 a 的內容包含了兩個關鍵字分別為 'dict1' 和 'dict2' 的字典型態的資料。我們可以使用第一層關鍵字來存取資料。例如使用下列指令可取得 'dict2' 裡面的資料：

```
>>> a["dict2"][1][0]
'apple'

>>> a["dict2"][2][0]
[11, 12, 13, 14]
```

我們一樣可以使用 savez() 指令儲存一個階層式的字典物件。以下列指令將字典物件 a 儲存到 saveza.npz 檔案內：

```
>>> np.savez("saveza", **a)
```

再以 load() 指令讀進來指定給變數 anpz：

```
>>> anpz = np.load("saveza.npz")

>>> anpz.keys()
['dict2', 'dict1']
```

這個時候變數 anpz 的關鍵字仍然是 'dict1' 和 'dict2'。若我們仍使用原來取得 'dict2' 裡面資料的指令會出現錯誤訊息：

```
>>> anpz["dict2"][1][0]
Traceback (most recent call last):
  File "<pyshell#97>", line 1, in <module>
    anpz["dict2"][1][0]
IndexError: too many indices for array

>>> anpz["dict2"][2][0]
Traceback (most recent call last):
  File "<pyshell#259>", line 1, in <module>
    anpz["dict2"][2][0]
IndexError: too many indices for array
```

若要取得第二層以後的資料，只要在第一層關鍵字後面加上 .item() 指令就可以順利取得資料。例如：

```
>>> anpz["dict2"].item()[1][0]
'apple'

>>> anpz["dict2"].item()[2][0]
[11, 12, 13, 14]
```

　　底下我們再舉一例來示範一個更多層 dictionary 資料型態的存取情形：

```
>>> d1 = {'A': np.array([1, 2, 3]),
          'B': np.array([4, 5, 6]),
          'C': {0: np.array([0.1, 0.2, 0.3]),
          1: np.array([[0.4, 0.5],[0.6, 0.7]]),
          2: {'dd': np.array([[101, 102], [111, 112]])}}}

>>> d2 = np.array([[1, 2],[3, 4]])

>>> d3 = {'d31': np.array([321]),
          'd32': np.array([[100, 200], [300, 400]])}
```

```
>>> d4 = [1000, 2000]

>>> b = {'d1': d1, 'd2': d2, 'd3': d3, 'd4': d4}

>>> b.keys()
dict_keys(['d1', 'd3', 'd4', 'd2'])

>>> b['d1']['C'][2]['dd'][1, 1]
112

>>> np.savez("savezb", **b)

>>> bnpz = np.load("savezb.npz")

>>> bnpz.keys()
['d1', 'd3', 'd4', 'd2']

>>> bnpz['d1'].item()['C'][2]['dd'][1, 1]
112
```

　　如果我們沒有事先設定工作目錄的話，儲存檔案的時候也可以採取絕對路徑的方式，也就是直接指定檔案所要儲存的資料夾位置。例如：

```
>>> a = np.arange(10)

>>> np.savetxt("D:\\Practical-Python-Programming\\Python-
               Files\\savetext1.txt", a, fmt = '%i')

>>> x1 = np.array([[1, 2, 3], [0.1, 0.2, 0.3]])
>>> y1 = np.array(["aa", "bb"])
>>> z1 = np.array([11, 12, 13, 14, 15])

>>> np.save("D:\\Practical-Python-Programming\\Python-
            Files\\save1.npy", (x1, y1, z1))

>>> np.savez("D:\\Practical-Python-Programming\\Python-
             Files\\savez2", x1 = x1, y1 = y1, z1 = z1)

>>> dict1 = {'A': np.array([1,2,3]), 'B': np.array([4,5,6])}
```

```
>>> dict2 = {1: np.array(["apple", "banana"]),
             2: np.array([[11, 12, 13, 14],[15, 16, 17]])}

>>> a = {'dict1': dict1, 'dict2': dict2}

>>> np.savez("D:\\Practical-Python-Programming\\Python-
             Files\\saveza", **a)
```

3.8 習題

首先將 Numpy 載入：

```
import numpy as np
```

【習題 3.8.1】計算下列的數值：

(1)　$2.5^3 + \sqrt{10}$

(2)　$e^{-2} + 3 \times \log(20) - \cos(2\pi)$

(3)　$\cos(x),\ x = 0, \pi/2, \pi, 3\pi/2, 2\pi$

(4)　$1 + 1/2 + 1/3 + 1/4 + 1/5$

【習題 3.8.2】令 x = 1.23456789，試計算下列結果：

(1)　np.ceil(x)

(2)　np.floor(x)

(3)　np.trunc(x)

(4)　np.round(x, decimals = 6)

【習題 3.8.3】試建構指定的陣列。

(1)　0, 2, 4, 6, 8, 10 的整數陣列。

(2)　0 到 20 之間的整數陣列。此陣列之長度是多少？

(3)　1 到 2 之間 12 個平均分佈的數值陣列。

【習題 3.8.4】 令

x = np.array([-2.5, 3.2, 0, 4.4, 6.2])

(1) 請計算 x 的樣本平均數 (sample mean)、樣本中位數 (sample median)、樣本變異數 (sample variance)、樣本標準差 (sample standard deviation)、最小值、及最大值。

(2) 如何刪除 x 的最後一個元素？

(3) 如何將 8.8 加在 x 的最後面？

(4) 如何將 x 的每個分量皆加 5？

(5) 若 y = np.array([1, 2, 3])，請問 x * y 會產生怎樣的答案？為什麼？

【習題 3.8.5】 令

x = np.array([1, 2, 3, 4, 5]); y = np.array([-1, -2, -3, -4, -5])

試計算下列結果：

(1) x 的分量中之最小值；x 和 y 的分量中之最小值；

y 的分量中之最大值；x 和 y 的分量中之最大值。

(2) x 的分量之乘積；x 和 y 的分量之乘積；

y 的分量之範圍；x 和 y 的分量之範圍。

(3) x 的分量之和；x 和 y 的分量之和。

(4) x * y; y * x; 5 * x; y * 5

(5) 求出 x 和 y 兩個向量的內積。

(6) 刪除 x 向量的第三元素及 y 向量的最後一個元素，並將剩餘的元素組成向量 z。

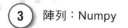

【習題 3.8.6】令

$$A = \begin{bmatrix} 1.5 & 1.1 & 0 \\ -4.2 & -2 & 2.2 \\ 0 & 4 & 3.3 \end{bmatrix}, b = \begin{bmatrix} 5 \\ 4 \\ 3 \end{bmatrix}, B = A^T A.$$

(1) 試計算 B, $A + B$, $A - B$, AB。

(2) 試計算 A^{-1} 並對線性方程組 $Ax = b$ 求解。

【習題 3.8.7】

(1) 將數列 -1, -3, -5, -7, -9, 11, 13, 15, 2, 4, 6, 8, 10, 12, -14, -16 分別依行、依列放置數字產生 4×4 的矩陣 A 與 B。

(2) 利用 A.size 及 np.shape() 計算矩陣 A 的元素個數。

(3) 執行 A - B, B - A, A + B。

(4) 執行 A * B, B * A, np.dot(A, B), np.dot(B, A)。

(5) 利用 np.concatenate(), np.column_stack() 或 np.hstack() 將矩陣 A, B 組合成 A 在左 B 在右的 4×8 矩陣。

(6) 利用 np.concatenate(), np.row_stack() 或 np.vstack() 將矩陣 A, B 組合成 A 在上 B 在下的 8×4 矩陣。

(7) 求出 A 的轉置矩陣。

(8) 求出 A 的行列式。

(9) 求出 A 的 grammian 矩陣。

(10) 求出 A 的反矩陣。

【習題 3.8.8】給定兩個多項式：

$$p(s) = 2s^4 + 3s^3 + s^2 + 2s - 3, \quad q(s) = 3s^3 + 2s^2 + s + 2.$$

(1) 計算 $p(s)$ 在 $s = 3 + 4j$ 之值。

(2) 計算 $p(s)$ 的導數 (即微分值) $p'(s)$。

(3) 解出多項式方程式 $p(s) = 0$ 之根。

(4) 求出 $p(s) + q(s)$, $p(s) - q(s)$, $p(s) * q(s)$, $p(s) / q(s)$。

【習題 3.8.9】假設回歸問題之輸入資料 x 及輸出資料 y 為

```
x = np.array([1.3, 2.7, 3.2, 3.8, 5.1])
y = np.array([-2.2, 3.1, 0, 2.4, -6])
```

(1) 若使用一次多項式的回歸模型 $y_i = \beta_0 + \beta_1 x_i + \varepsilon_i$，試求出最小平方估測 $\hat{\beta}_0$, $\hat{\beta}_1$。

(2) 若使用二次多項式的回歸模型 $y_i = \beta_0 + \beta_1 x_i + \beta_2 x_i^2 + \varepsilon_i$，試求出最小平方估測 $\hat{\beta}_0$, $\hat{\beta}_1$, $\hat{\beta}_2$。

(3) 若使用三次多項式的回歸模型 $y_i = \beta_0 + \beta_1 x_i + \beta_2 x_i^2 + \beta_3 x_i^2 + \varepsilon_i$，試求出最小平方估測 $\hat{\beta}_0$, $\hat{\beta}_1$, $\hat{\beta}_2$, $\hat{\beta}_3$。

【習題 3.8.10】試產生指定機率分佈且長度為 3 的隨機樣本。

(1) 一個 $[1, 5)$ 間具均勻分佈的整數隨機樣本。

(2) 一個具有二項分配分佈的隨機樣本，其中實驗次數是 8，每次實驗成功的機率是 0.2。

(3) 一個具有卜瓦松分佈的隨機樣本，其中期望值是 1.5。

(4) 一個具有幾何分佈的隨機樣本，其中每次實驗成功的機率是 0.5。

(5) 一個 $[1, 5)$ 間具均勻分佈的實數隨機樣本。

(6) 一個具有常態分佈的隨機樣本，其中期望值為 2，標準差為 1。

(7) 一個具有指數分佈的隨機樣本，其中比率參數為 1.2。

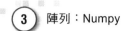

【習題 3.8.11】令

> x = np.array([0.2, -0.4, -3.5, 2, 2, 2, 2])

(1) 由 x 中以還原抽樣之方式選取一個長度為 5 的隨機樣本。

(2) 由 x 中以還原抽樣之方式選取一個長度為 10 的隨機樣本。

(3) 由 x 中以不還原抽樣之方式選取一個長度為 5 的隨機樣本。

(4) 由 x 中隨機取出一個排列，即混洗。

邏輯運算與流程控制

　　邏輯與關係運算通常是運用在判斷式裡，其運算結果只有是或非。結合條件分支結構函數的應用是程式設計的樞紐。有關原始 Python 的布林變數及基本布林運算請參考第 2.1 節。本章主要介紹 numpy 套件之 ndarray 的邏輯運算、關係運算子、if() 和 np.where() 等條件分支函數之運用。而迴圈 (loop) 也是程式設計經常要用到的工具，我們也將介紹在 Python 程式中 for() 及 while() 等迴圈函數的運用。

4.1 邏輯變數及運算

　　我們可使用下面的指令來產生一個長度為 4 之邏輯陣列：

```
>>> a = np.array([False, True, False, True])
>>> a
array([False,  True, False,  True], dtype=bool)
```

　　我們可以將邏輯類型之物件轉為數字向量，例如：

```
>>> a = np.array([False, True, False, True])
>>> a
array([False,  True, False,  True], dtype=bool)

>>> np.array(a, dtype = int)
array([0, 1, 0, 1])
```

```
>>> np.array(a, dtype = float)
array([ 0.,  1.,  0.,  1.])
```

如上所述,若轉換成數值,則 True 為 1,False 為 0。

我們也可以將數字向量轉為邏輯類型之物件,例如:

```
>>> x = [-2.2, -1, 0, 1, 2.2]
>>> np.array(x, dtype = bool)
array([ True,  True, False,  True,  True], dtype=bool)
```

如上所述,數字 0 轉為 False,非 0 數字轉為 True。常用的邏輯運算子如表 4.1.1 所示:

表 4.1.1:常用的邏輯運算子

運算子	說明
~a np.logical_not(a)	NOT 運算
a & b np.logical_and(a, b)	AND 運算
a | b np.logical_or(a, b)	OR 運算
np.logical_xor(a, b)	Exclusive OR 運算
np.isnan(x)	是否為非數字? Is NaN ("not a number")?
np.isfinite(x)	是否為有限值?
np.isreal(x)	是否為實數?
np.iscomplex(x)	是否為複數?

接下來示範一些表 4.1.1 所示之邏輯運算:

```
>>> a = np.array([False, True, False, True])
>>> b = np.array([False, True, True, False])
```

```
>>> ~a; np.logical_not(a)  # logical NOT
array([ True, False,  True, False], dtype=bool)

>>> a & b; np.logical_and(a, b)  # logical AND
array([False,  True, False, False], dtype=bool)

>>> a | b; np.logical_or(a , b)  # logical OR
array([False,  True,  True,  True], dtype=bool)

>>> np.logical_xor(a, b)
array([False, False,  True,  True], dtype=bool)

>>> x = np.array([1, np.NaN, np.Inf], float)
>>> x
array([ 1.,  nan,  inf])

>>> np.isnan(x)  # Is NaN ("not a number")?
array([False,  True, False], dtype=bool)

>>> np.isfinite(x)  # Is finite?
array([ True, False, False], dtype=bool)

>>> np.isreal(x)  # Is real?
array([ True,  True,  True], dtype=bool)

>>> np.iscomplex(x)  # Is complex?
array([False, False, False], dtype=bool)
```

再來介紹另一些歸屬的指令：

```
>>> a = np.array([1, 2, 3, 4])

>>> 2 in a  # membership test
True

>>> 0 in a
False
```

```
>>> [2, 3] in a
False

>>> (2, 3) in a
False

>>> np.array([2, 3]) in a
False

>>> b = np.array([[1, 2], [3, 4], [5, 6]], float)

>>> [1, 2] in b
True

>>> [4, 3] in b
False
```

假設

```
>>> a = np.array([1, 3, 0], float)
>>> a
array([ 1.,   3.,   0.])
```

請注意要檢查 a 中之數字是否介於 0 到 3 之間，可以使用下列這些指令：

```
>>> (a > 0) & (a < 3)   # logical AND
array([ True, False, False], dtype=bool)

>>> np.logical_and(a > 0, a < 3)   # logical AND
array([ True, False, False], dtype=bool)
```

但下列指令是錯誤的：

```
>>> a > 0 and a < 3   # invalid statement
ValueError: The truth value of an array with more than one
element is ambiguous.
```

```
>>> 0 < a < 3   # invalid statement
ValueError: The truth value of an array with more than one
element is ambiguous.
```

再來介紹 any() 和 all() 這兩個邏輯函數。令

```
>>> x = np.array([-1.2, 0.5, 1.0, 1.3, 2.4, 5, 6.3])
```

我們想知道是否有任何 x 中之數字介於 1 到 5 之間，可以使用下列這些指令：

```
>>> np.any((1 < x) & (x < 5))
True
```

```
>>> np.any(1 < x) & np.any(x < 5)
True
```

我們想知道是否所有 x 中之數字皆介於 1 到 5 之間，可以使用下列這些指令：

```
>>> np.all((1 < x) & (x < 5))
False
```

```
>>> np.all(1 < x) & np.all(x < 5)
False
```

在一個陣列中，若要找出非零數值元素的指標，可以使用 np.nonzero() 的指令。例如：

```
>>> a = np.array([[0, 1], [3, 0]], float)
>>> a
array([[ 0.,  1.],
       [ 3.,  0.]])

>>> np.nonzero(a); a.nonzero()
         # indices of nonzero values in an array
(array([0, 1], dtype=int32), array([1, 0], dtype=int32))
```

```
>>> a[np.nonzero(a)]
array([ 1.,  3.])
```

現在介紹一個很有用的函數 np.where()。此函數有兩種用法。第一種用法的語法 (syntax) 為

```
np.where(logical conditions)
```

假設我們有一個數字向量：

$$x = \begin{pmatrix} x_1, & x_2, & \dots & x_n \end{pmatrix}$$

那些滿足給定邏輯條件的 x 的下標(即指標)會被找出來。比方說，若

```
>>> x = np.array([1.2, -3.4, 5.7, -6, 0, 3])
```

則

```
>>> u = np.where(x >= 1)
>>> u
(array([0, 2, 5], dtype=int32),)

>>> type(u)
<class 'tuple'>

>>> np.shape(u)
(1, 3)
```

請注意 np.where() 執行結果的類型是 tuple。那麼是那些值大於或等於 1 呢？我們可以使用下列指令：

```
>>> x[np.where(x >= 1)]
array([ 1.2,  5.7,  3. ])
```

我們也可以使用多個邏輯條件。例如：

```
>>> np.where((x >= 1) & (x <= 4))
(array([0, 5], dtype=int32),)

>>> np.where(np.logical_and(x >= 1, x <= 4))
(array([0, 5], dtype=int32),)
```

試試下列的指令：

```
>>> v = np.where(x >= 6)
>>> v
(array([], dtype=int32),)

>>> type(v)
<class 'tuple'>

>>> np.shape(v)
(1, 0)
```

這個結果表示我們找不到任何指標 i 使得 x_i 滿足給定的邏輯條件。由上可知，當我們要判斷 np.where() 之執行結果是否為空集合時，可以使用以下的指令 (有點麻煩！)：

```
>>> np.shape(np.where(x >= 1))[1]
3

>>> np.shape(np.where(x >= 6))[1]
0

>>> np.shape(np.where(x >= 1))[1] == 0   # empty set?
False

>>> np.shape(np.where(x >= 6))[1] == 0   # empty set?
True
```

第一個指令說明了共有 3 個數字滿足給定的邏輯條件，而第二個指令的執行結果是空集合。我們在第 5.1 節定義了一個功能相同的函數 which()，但使用上比 np.where() 方便得多。

我們可以使用一些邏輯條件來選取給定陣列中的元素，只有那些滿足邏輯條件的元素會被選取。例如：

```
>>> a = np.array([[1, 3], [2, 4]])
>>> a
array([[1, 3],
       [2, 4]])

>>> a > 2.5
array([[False,  True],
       [False,  True]], dtype=bool)

>>> a[a > 2.5]   # Return an array with only the True
elements.
array([3, 4])

>>> status = a > 2.5
>>> a[status]
array([3, 4])
```

若我們只想知道有幾個元素滿足給定的邏輯條件，可以使用下列的指令：

```
>>> np.sum(a > 2.5)
2
```

這說明了有兩個元素滿足給定的邏輯條件。請特別注意此時 True 的數值為 1，而 False 的數值為 0。

現在介紹兩個陣列的比較：

```
>>> a = np.array([1, 3, 0], float)
>>> b = np.array([0, 3, 2], float)
```

```
>>> a > b
array([ True, False, False], dtype=bool)

>>> a == b
array([False,  True, False], dtype=bool)

>>> a <= b
array([False,  True,  True], dtype=bool)

>>> c = a > b  # now a Boolean array
>>> c
array([ True, False, False], dtype=bool)

>>> a > 2  # with broadcasting
array([False,  True, False], dtype=bool)
```

若要檢驗兩個陣列的相對元素的差距是否在給定誤差容忍度內，可以使用 np.isclose() 指令。若要檢驗兩個陣列的所有相對元素的差距是否在給定誤差容忍度內，可以使用 np.allclose() 指令。這兩個指令的預設的相對容忍度是 10^{-5}，絕對容忍度是 10^{-8}。例如：

```
>>> a = np.array([[1, 2], [3, 4]])
>>> b = np.array([[1, 2.00000001], [3.00000001, 4]])

>>> np.isclose(a, b)
array([[ True,  True],
       [ True,  True]], dtype=bool)

>>> np.allclose(a, b)
True
```

4.2 條件分支

條件分支函數 if/else 的基本語法為

```
if logical_conditions_1:
    statements_1
```

或

```
if logical_conditions_1:
    statements_1
else:
    statements_2
```

或

```
if logical_conditions_1:
    statements_1
elif logical_conditions_2:
    statements_2
else:
    statements_3
```

例題 4.2.1 ▶▶▶ 若 x 是 5，則將 y 加上 3，否則 y 的值不變。我們可以使用下面的指令來執行：

```
>>> x = 5
>>> y = 2
>>> if x == 5:
        y = y + 3

>>> y
5
```

例題 4.2.2 ▶▶▶ 底下的指令可以產生與 min(x, y) (取最小值) 同樣之功能：

```
>>> x = 2.5; y = 4.7

>>> if x < y:
        z = x
    else:
        z = y

>>> z
2.5

>>> min(x, y)
2.5
```

例題 4.2.3 ▶▶▶ 下表是 10 位同學的身高 (以公分為單位)：

1	2	3	4	5	6	7	8	9	10
192	174	185	160	145	183	166	178	195	155

若身高大於或等於 180 公分，則我們將此同學視為高 (high)，若身高小於 160
公分，則視為矮 (short)，其餘則視為中等 (medium)。底下的程式碼可將此 10
位同學的身高加以分類：

```
>>> x = np.array([192, 174, 185, 160, 145, 183, 166, 178,
                  195, 155])
>>> y = np.array(["unknown"]*10, dtype = str)

>>> for i in range(10):
        if x[i] >= 180:
            y[i] = "high"
        elif x[i] < 160:
            y[i] = "short"
        else:
            y[i] = "medium"

>>> y
```

```
array(['high', 'medium', 'high', 'medium', 'short', 'high',
       'medium', 'medium', 'high', 'short'], dtype='<U13')
```

np.where() 第二種用法的語法為

> np.where(logical conditions, value_true if True, value_false if False)

當給定邏輯條件滿足時，函數的輸出值為 value_true，否則為 value_false。

例題 4.2.4 ▶▶▶ 底下的指令可以產生與 np.abs() (取絕對值) 同樣之結果：

```
>>> x = np.array([-1.5, 0, 1.5])

>>> np.where(x >= 0, x, -x)
array([ 1.5, 0. , 1.5])

>>> np.abs(x)
array([ 1.5, 0. , 1.5])
```

例題 4.2.5 ▶▶▶ 在使用 np.where() 時要很小心。底下定義兩個看起來功能相同的函數：

```
>>> def f(status):
        stability = np.where(status, "undetermined", False)
        return stability

>>> def g(status):
        if status:
            stability = "undetermined"
        else:
            stability = False
        return stability
```

不幸的是由兩個函數回傳之物件很不一樣，如下所示：

```
>>> x = 5

>>> f1 = f(x > 0); f1; type(f1)
array('undetermined',
      dtype='<U12')
<class 'numpy.ndarray'>

>>> f2 = f(x < 0); f2; type(f2)
array('False',
      dtype='<U12')
<class 'numpy.ndarray'>

>>> g1 = g(x > 0); g1; type(g1)
'undetermined'
<class 'str'>

>>> g2 = g(x < 0); g2; type(g2)
False
<class 'bool'>
```

例題 4.2.6 ▶▶▶ 在使用 if/else 時，若在某一條件之下不做任何處裡的話，要使用continue，否則會出現錯誤。我們來看 [例題4.2.3]，若評量條件改為身高大於或等於 190 公分，則我們將此同學視為高 (high)，身高介於 180 和 190 之間不評量，身高小於 160 公分，則視為矮 (short)，其餘則視為中等 (medium)。執行結果如下所示：

```
>>> x = np.array([192, 174, 185, 160, 145, 183, 166, 178,
195, 155])
>>> y = np.array(["unknown"]*10, dtype = str)

>>> for i in range(10):
        if x[i] >= 190:
            y[i] = "high"
        elif x[i] > 180:
            # do nothing
```

```
        elif x[i] < 160:
SyntaxError: expected an indented block
>>>         y[i] = "short"
SyntaxError: unexpected indent
>>>     else:
SyntaxError: unexpected indent
>>>         y[i] = "medium"
SyntaxError: unexpected indent
```

為了修正上述之錯誤，我們可以加入 continue：

```
>>> for i in range(10):
        if x[i] >= 190:
            y[i] = "high"
        elif x[i] > 180:
            # do nothing
            continue
        elif x[i] < 160:
            y[i] = "short"
        else:
            y[i] = "medium"

>>> y
array(['high', 'medium', 'unknown', 'medium', 'short',
'unknown', 'medium', 'medium', 'high', 'short'], dtype='<U7')
```

4.3 迴圈

　　迴圈最主要的功能是設定重複執行的工作。Python 語言提供二種迴圈指令，即 for 和 while。Numpy 的運算和函數 (如兩個陣列相加) 皆為向量運算，其運算效率很高，但是如果使用迴圈來執行各個分量逐一相加，則效率將會降低很多。Python 同時也提供 next() 和 break 兩個額外的控制方式：break 可以從迴圈內層跳出至上一層，next() 將會回到迴圈開頭指令。

迴圈控制指令 for 屬集合控制迴圈 (collection-controlled loop)，也就是說須給定一個特定集合，而這特定集合的所有元素都要依序指定給一個特定變數並且執行迴圈一次，一直到所有元素都使用完畢。其基本語法為

> for index in index_set:
>   statements

其中 index_set 即給定的集合，index 是特定變數。

例題 4.3.1 ▶▶▶ 假設一個序列是由下列的遞迴公式所產生：

$$x_{k+1} = 4x_k(1-x_k),\ k = 0, 1, 2, ..., x_0 = 0.2 .$$

假設我們想計算頭 5 項。這可由底下的指令來完成：

```
>>> x = np.zeros(5)
>>> x[0] = 0.2
>>> for k in range(1, 5):
        x[k] = 4 * x[k-1] * (1 - x[k-1])

>>> np.round(x, 4)
array([ 0.2  ,  0.64 ,  0.9216,  0.289 ,  0.8219])
```

例題 4.3.2 ▶▶▶ 假設給定一個長度為 10 之向量，我們想計算奇數項之和與偶數項之和的差。比方說 x 是 1 到 10 的數字所組成之向量。我們可用下列之指令來求得結果：

```
>>> x = np.arange(1, 11)
>>> x
array([ 1,  2,  3,  4,  5,  6,  7,  8,  9, 10])

>>> odd = np.arange(0, 10, 2)
>>> even = np.arange(1, 11, 2)
>>> odd_sum = even_sum = 0
```

```
>>> for i in odd:
        odd_sum = odd_sum + x[i]

>>> for j in even:
        even_sum = even_sum + x[j]

>>> odd_sum - even_sum
-5
```

這個結果也可由下面簡單的指令求得：

```
>>> np.sum(x[odd]) - np.sum(x[even])
-5
```

由於這個運算屬內建的向量式運算，所以執行效率很高。

另外值得注意的是，for 迴圈的基本語法之中，如果特定變數的值在迴圈之中被改變，回到迴圈的前面時，該變數仍會被特定集合的下一個元素所覆蓋，並繼續執行下一個迴圈，如下例所示：

```
>>> myset = np.arange(5)
>>> for myidx in myset:
        print(myidx)
        myidx = 2

0
1
2
3
4

>>> myidx
2
```

再來我們介紹 while() 函數，這是一個條件控制迴圈 (condition-controlled loop)，也就是一開始就要驗證條件，如果為真則執行迴圈一次，不為真則離開迴圈。其基本語法為

```
while logical_conditions:
        statements
```

當給定邏輯條件滿足時，while() 迴圈內之指令會被一直執行，直到邏輯條件
不滿足為止。因此 while() 迴圈內之指令可能不只被執行一次。

例題 4.3.3 ▶▶▶ 假設下列數字是一些芳晴小姐想要依序購買商品的價格：

```
>>> x = np.array([1.2, 3.4, 2.1, 4.3, 3.2, 5.5, 6.7])
```

但芳晴小姐身上只有 12 元，請問她可以買到幾樣商品？我們可以使用下面的
指令來執行：

```
>>> total = x[0]
>>> count = 0

>>> while total <= 12:
        count = count + 1
        total = total + x[count]

>>> count
4
```

這個結果也可由下面簡單的指令求得：

```
>>> y = np.cumsum(x)
>>> y
array([  1.2,   4.6,   6.7,  11. ,  14.2,  19.7,  26.4])

>>> y <= 12
array([ True,  True,  True,  True, False, False, False],
dtype=bool)

>>> np.sum(y <= 12)
4
```

請特別注意此時 True 的數值為 1，而 False 的數值為 0。

例題 4.3.4 ▶▶▶ 一個方陣 A 的跡數 (trace) 是此方陣對角線分量之和。例如

```
>>> A = np.array(np.arange(1, 10)).reshape(3, 3)
>>> A
array([[1, 2, 3],
       [4, 5, 6],
       [7, 8, 9]])
```

我們可以使用下列的指令得到 A 的跡數：

```
>>> index = np.array([[0, 0], [1, 1], [2, 2]])

>>> trace = 0
>>> for (i, j) in index:
        trace = trace + A[i, j]

>>> trace
15
```

或更簡單地使用下列的指令：

```
>>> np.sum(np.diag(A))
15
```

　　雖然上面這些例題都十分簡單，但這些例題只是用來說明 for 及 while 等迴圈之相關函數如何使用而已。在往後的章節中我們會看到更多這些函數的應用。事實上適當地應用 if, for, 及 while 等函數就已經可以寫出很好的程式了。

　　另外，sys.exit() 會立即終止整個程式之執行。比方說我們可以使用如下之指令：

```
from sys import exit

....
```

```
print("error: The denominator is zero!")
exit()
```

來提示我們程式中發生了除以 0 的情形，因此程式必須終止。

　　一個長度為 0 的向量有什麼用呢？有時一個向量之長度無法事先知道，直到程式終止時才能完全確定。這種情況常發生於迴圈內之物件。比方說，我們要搜集一序列 value 之數值並儲存於向量 value_seq 中，但我們事先並不知道會有幾個 value 之值出現。因此我們先令

```
value_seq = []
```

每當有 value 之值出現時 (包括第一次出現)，則我們使用下列之指令：

```
value_seq = value_seq + [value]
```

或

```
value_seq.append(value)
```

將新的 value 之數值接在 value_seq 之最後。到整個程式終止時，value_seq 已正確地將所有 value 出現之數值搜集完畢。或者我們可以使用下列之指令：

```
value_seq = np.empty(0, dtype = float)
```

及

```
value_seq = np.concatenate((value_seq, [value]))
```

4.4 習題

【習題 4.4.1】假設

```
x = np.array([-1.2, 3.4, 5.7, -5, 0, 2])
y = np.array([-2.2, 4.4, -6.6, 8.8, 0, -3.3])
```

(1) 在 x 中是那幾個、共有幾個、及那些數字大於或等於 2？

(2) 在 x 中是那幾個、共有幾個、及那些數字滿足 $x_i < y_i$？

【習題 4.4.2】令

```
x = np.array([-1, -3, -5, -7, -9, 11, 13, 15, 2, 4, 6, 8, 10, 12, -14, -16])
y = np.array([1, -2, 3, -4, 5, -6, 7, -8, 9, -10, -11 ,12, 13, 14, -15, 16])
```

執行下列指令：

(1) x <= 0; y >= 0

(2) 將 x <= 0 轉換為整數陣列 m；將 y >= 0 轉換為整數陣列 n。

(3) np.sum(m); np.sum(n)

(4) x[m]; y[n]

(5) np.sum(x > y)

(6) x[x > y]

(7) ~m; np.logical_not(m); m & n; m | n

(8) np.any((-3 < x) & (x < 3)); np.all((-16 < x) & (x < 16))

(9) np.where((x >= 1) & (x <= 11)); x[np.where((x >= 1) & (x <= 11))]

【習題 4.4.3】下表是修習「Python 程式設計」這門科目的 10 位同學期中考試的成績：

1	2	3	4	5	6	7	8	9	10
92	74	85	60	45	83	66	78	95	55

寫一程式求出每一位同學的評語：60 以下為 bad，60~89 為 good，90~100 為 excellent。(1) 使用 if/else 設計；(2) 使用 np.where() 設計。

【習題 4.4.4】令

```
a = 30; b = 70; c = 100
```

執行下列指令：

(1) c > 1000

(2) c <= a + b

(3) a * b / c < c / a * b

(4) (b * b * 50 / c >= a * a / b) & (c * c / a > b * b)

(5) (c == a * b / 10) | b

(6) (b < (a + b) / b) == c * 3

(7) (a & 20) - (9 & c) / 15

(8) a * b * c / 200 != a + b + c

【習題 4.4.5】設計一程式，求 200 到 1000 之間 (a) 3 的倍數有幾個；(b) 7 的倍數有幾個；(c) 是 3 或 7 的倍數但不是 21 的倍數有幾個。

(1) 使用 while() 函數設計。

(2) 使用 for() 函數設計。

函數

　　Python 程式語言是非常有用的數據分析工具，程式的撰寫大都使用函數 (function) 呼叫方式，非常方便。Python 系統內建很多的函數，即所謂的副程式。由於 Python 程式語言屬開放原始碼，全球用戶都可以根據既定的格式提供各式各樣的函數供大眾使用。因此各種不同需求的使用者都可以非常快速地找到自己所需要的函數，而且使用者也可以自行編寫函數。大多數函數用來產生一個數值，但也可以用來產生其他的結果，例如繪圖和列印。

　　內建或已定義的函數可以直接呼叫使用，呼叫時通常需要傳入一些參數。要確切明瞭某個函數中參數的定義可以使用 help() 或 np.info() 函數來得到。例如要知道如何使用 np.sum() 來計算某個陣列之和，可以輸入下列指令：

```
>>> import numpy as np

>>> help(np.sum)
```

此時系統會開啟一個網頁說明該函數所有的輸入、輸出以及其他細節。比方說

```
sum(a, axis=None, dtype=None, out=None, keepdims=False)
    Sum of array elements over a given axis.
```

這說明了該函數的參數有五個。第一個參數為陣列內容的資料，若呼叫時沒有給這個參數的值，則會出現錯誤訊息。第二個參數是指定沿著陣列的那個座標軸進行相加的動作；若呼叫時沒有給這個參數，則預設值為 None，即函數會將陣列中之所有元素相加。呼叫函數時可以按照順序給參數，若有給標籤則可以不按照順序。以下舉一些實例來說明：

```
>>> A = np.array([[1, 2, 3], [4, 5, 6], [7, 8, 9]])
>>> A
array([[1, 2, 3],
       [4, 5, 6],
       [7, 8, 9]])

>>> np.sum(A)
45

>>> np.sum(A, axis = 0)   # by column
array([12, 15, 18])

>>> np.sum(A, axis = 1)   # by row
array([ 6, 15, 24])
```

使用者可以使用套件 inspect 中之函數 getargspec() 或 getfullargspec() 來列出函數的參數，例如：

```
>>> from inspect import getargspec, getfullargspec

>>> getargspec(np.sum)
ArgSpec(args=['a', 'axis', 'dtype', 'out', 'keepdims'],
varargs=None, keywords=None, defaults=(None, None, None,
False))

>>> getfullargspec(np.sum)
FullArgSpec(args=['a', 'axis', 'dtype', 'out', 'keepdims'],
varargs=None, varkw=None, defaults=(None, None, None,
False), kwonlyargs=[], kwonlydefaults=None, annotations={})
```

5.1 使用者自訂函數

定義一個函數 myfunc() 的基本語法如下：

```
def myfunc(arg1, arg2, ...):
    statements
    return object
```

其中 def 為定義一個函數的關鍵字。通常函數會接收若干個參數 (或稱引數)，經過運算之後會傳回一個物件。參數與參數之間以逗號分開。參數可以是 "name" 或是 "name = expression"，其中 expression 為預設值。statements 即為函數的運算主體，return 則指定所要傳回的物件。對於不會太複雜且只含一個指令(或敘述)的函數，我們可以使用下列更簡單的建構方式，而且這種方式有時候可以不需要定義函數的名稱：

> myfunc = lambda arg1, arg2, ...: statement

例題 5.1.1 ▶▶▶ 定義如下之函數：

$$f(x) = 0.01 \cdot x^3 \cos(x) + 0.05 \cdot x - 1.$$

欲建構此函數可以使用下列的簡單指令：

```
>>> f = lambda x: 0.01 * x**3 * np.cos(x) + 0.05 * x - 1
```

或

```
>>> def f(x):
        return 0.01 * x**3 * np.cos(x) + 0.05 * x - 1
```

在建構好這個函數 f 後，我們就可以使用這個函數來計算 $f(x)$ 了：

```
>>> f(-5)
-1.6045777318290328

>>> f(0)
-1.0

>>> f(5)
-0.39542226817096715
```

若我們想一次算出這三個值，則可用如下之指令：

```
>>> f(np.array([-5, 0, 5]))
array([-1.60457773, -1.        , -0.39542227])
```

請注意函數 f 之類別為 "function"：

```
>>> type(f)
<class 'function'>
```

妙的是我們一樣可以把函數 f 像數字一般地指定給另一個函數 g：

```
>>> g = f
>>> g(np.array([-5, 0, 5]))
array([-1.60457773, -1.        , -0.39542227])
```

例題 5.1.2 ▶▶▶ 假如我們定義一截尾餘弦函數 (truncated cosine function) 如下：

$$f(x) = \begin{cases} \cos(x), & -1 \le x \le 1, \\ 0, & otherwise. \end{cases}$$

我們可使用如下指令來建構此函數：

```
>>> f = lambda x: np.where((-1 <= x) & (x <= 1), np.cos(x), 0)
>>> f = lambda x: np.cos(x) * ((-1 <= x) & (x <= 1))
```

在建構好這個函數 f 後，我們就可以使用這個函數來計算 $f(x)$ 了：

```
>>> f(np.array([-2, 0, np.pi / 4, np.pi]))
array([ 0.        , 1.        , 0.70710678, 0.        ])
```

例題 5.1.3 ▶▶▶ 假如我們定義如下之多變數函數：

$$f(x_1, x_2, x_3) = 3x_1 - 4x_2 + x_1x_3.$$

我們可以使用下列的簡單指令來建構此函數：

```
>>> f = lambda x: 3 * x[0] - 4 * x[1] + x[0] * x[2]
```

在建構好這個函數 f 後，我們就可以使用這個函數來計算 $f(x_1, x_2, x_3)$ 了：

```
>>> f([0, 0, 0])
0

>>> f([1, -1, 1])
8
```

例題 5.1.4 ▶▶▶ 給定一個陣列，若我們想找出分量的範圍，可以建構下列簡單的函數：

```
>>> range = lambda x: np.array([np.min(x), np.max(x)])

>>> x = np.array([1.2, -4.7, -4.7, 0, 1.2])
>>> range(x)
array([-4.7,  1.2])
```

例題 5.1.5 ▶▶▶ 給定一個陣列，若我們想將此陣列重複 k 次而形成一個新的陣列，可以建構下列簡單的函數：

```
>>> rep = lambda x, k: np.array(list(x)*k)

>>> x = np.array([1, 2, 3])
>>> rep(x, 3)
array([1, 2, 3, 1, 2, 3, 1, 2, 3])
```

這個函數與內建函數 np.repeat() 不同：

```
>>> np.repeat(x, 3)
array([1, 1, 1, 2, 2, 2, 3, 3, 3])
```

例題 5.1.6 ▶▶▶ 給定一個一維陣列，我們想要將此陣列元素之順序反過來，該如何建構此函數呢？不妨試試下列的函數：

```
>>> rev = lambda x: x[range(len(x) - 1, -1, -1)]

>>> x = np.array([1.2, -3.4, 5.7, -6, 0, 3])
>>> x
array([ 1.2, -3.4,  5.7, -6. ,  0. ,  3. ])

>>> rev(x)
array([ 3. ,  0. , -6. ,  5.7, -3.4,  1.2])
```

例題 5.1.7 ▶▶▶ 給定一個陣列，我們時常須要找出滿足某些條件的指標。有個內建函數 np.where() 可以直接使用，但也可以使用一個簡單指令以自訂函數方式來建構：

```
>>> which = lambda status: np.arange(len(status))[status]

>>> a = np.array([1.5, 4.6, -0.7, 3.5, 9.8, -6])
>>> a
array([ 1.5,  4.6, -0.7,  3.5,  9.8, -6. ])

>>> b = which(a > 0)
>>> b
array([0, 1, 3, 4])

>>> type(b)
<class 'numpy.ndarray'>

>>> c = np.where(a > 0)
>>> c
```

```
(array([0, 1, 3, 4], dtype=int32),)

>>> type(c)
<class 'tuple'>
```

由上可知，which() 的結果是陣列，而 np.where() 的結果是元組 (tuple)。再來看看下列的執行結果：

```
>>> which((1 < a) & (a < 4))
array([0, 3])

>>> a[which((1 < a) & (a < 4))]
array([ 1.5,   3.5])

>>> which((a < 0) | (a > 4))
array([1, 2, 4, 5])

>>> a[which((a < 0) | (a > 4))]
array([ 4.6, -0.7,  9.8, -6. ])
```

當我們要判斷 which() 之執行結果是否為空集合時，可以使用以下的指令：

```
>>> len(which(a > 2))
3

>>> len(which(a > 10))
0
```

第一個指令說明了共有 3 個數字滿足給定的邏輯條件，而第二個指令的執行結果是空集合。

例題 5.1.8 ▶▶▶ 給定一個數字向量，若先將其每個分量減去樣本平均數，再除以樣本標準差，這樣的程序稱為標準化程序 (standardization)；如此得到之向量稱為標準化向量 (standardized vector)。請注意標準化向量是一個沒有單位或尺度的向量。標準化是許多資料分析常用的一種手段，它可以提供不同單位或尺度的向量間一個共同的比較基準。此函數可建構及驗證如下：

```
>>> scale = lambda x:
    (x - np.mean(x, axis = 0)) / np.std(x, axis = 0, ddof = 1)

>>> a = np.array([6, 0, 5, -1], float)
>>> scale(a)
array([ 0.9966159, -0.7118685,  0.7118685, -0.9966159])

>>> a = np.array([[0, 2, 1], [3, -1, 2], [3, 5, -7]], float)
>>> scale(a)
array([[-1.15470054,  0.        ,  0.47301616],
       [ 0.57735027, -1.        ,  0.67573738],
       [ 0.57735027,  1.        , -1.14875354]])
```

例題 5.1.9 ▶▶▶ 常常一個函數之輸入變數可能不只一個。接著我們來撰寫一個截尾函數 (clipping function)，定義如下：

$$f\left(x; u, v\right) = \begin{cases} u, & x < u, \\ x, & u \leq x \leq v, \\ v, & x > v. \end{cases}$$

有個內建函數 np.clip() 可以直接使用，但也可以使用幾個簡單指令以自訂函數方式來建構：

```
>>> def clipping(x, lower, upper):
        y = np.where(x < lower, lower, x)
        z = np.where(y > upper, upper, y)
        return z

>>> x = np.array([6, 2, 5, -1, 0])
>>> x
array([ 6,  2,  5, -1,  0])

>>> clipping(x, lower = 0, upper = 5)
array([5, 2, 5, 0, 0])
```

上述的結果亦可由下列的指令得到：

```
>>> clipping(x, 0, 5)
array([5, 2, 5, 0, 0])

>>> clipping(x, 0, upper = 5)
array([5, 2, 5, 0, 0])
```

但下列的指令是行不通的：

```
>>> clipping(x, lower = 0, 5)
SyntaxError: non-keyword arg after keyword arg
```

錯誤的原因是：一旦我們在某個引數使用了鍵 (key)，則這之後的引數皆須使用 鍵。

例題 5.1.10 ▶▶▶ 我們想計算一個 Fibonacci 序列之前 n 項，其中 Fibonacci 序列定義為：

$$x_n = x_{n-1} + x_{n-2}, \, n = 3, 4, ..., \, x_1 = x_2 = 1.$$

此序列可用如下之函數程式碼來實現：

```
>>> def Fib(n):
        x = [0]*n
        x[0] = 1
        x[1] = 1
        for i in range(2, n):
            x[i] = x[i-1] + x[i-2]
        return x
```

執行如下：

```
>>> Fib(20)
[1, 1, 2, 3, 5, 8, 13, 21, 34, 55, 89, 144, 233, 377, 610,
987, 1597, 2584, 4181, 6765]
```

例題 5.1.11 ▶▶▶ 假設我們想要求出一個指數函數和一個餘弦函數之合成函數 (composition)，即

$$f(x) = \exp(-x), \; g(x) = \cos(x),$$
$$h(x) = (f \circ g)(x) = f(g(x)) = f(\cos(x)) = \exp(-\cos(x)).$$

我們可以使用以下之指令來建構這些函數：

```
>>> f = lambda x: np.exp(-x)
>>> g = lambda x : np.cos(x)
>>> h = lambda x: f(g(x))
```

假設我們想要求出一個餘弦函數之 2 次及 3 次之合成函數，即

$$f(x) = \cos(x),$$
$$g(x) = (f \circ f)(x) = f(f(x)),$$
$$h(x) = (f \circ f \circ f)(x) = (f \circ g)(x) = f(g(x)).$$

則可以使用以下之指令來建構這些函數：

```
>>> f = lambda x: np.cos(x)
>>> g = lambda x: f(f(x))
>>> h = lambda x: f(g(x))
```

例題 5.1.12 ▶▶▶ 有時在定義一個函數時，我們會給定某些引數一些內定值或稱為預設值 (default value)。比方說，在下面這個函數中

$$f(x; u, v, w) = ux^2 - vx + w \cdot \cos(x),$$

我們預設 u = 2, v = 1。若在呼叫 f 時並沒有提供 u 的數值，則 f 會使用 u = 2 之值，即 2 是參數 u 的內定值。首先我們試著用如下的方式來建構此函數：

```
>>> def f(x, u = 2, v = 1, w):
        return u * x**2 - v * x + w * np.cos(x)
SyntaxError: non-default argument follows default argument
```

上面顯示的語法錯誤是：無預設值之參數 w 不該出現在有預設值之參數 u, v 之後。因此我們再試另一種方式來建構此函數：

```
>>> def f(x, w, u = 2, v = 1):
        return u * x**2 - v * x + w * np.cos(x)
```

這次我們成功了。假設 w = 1.5，則下面的指令皆可得到相同的答案：

```
>>> f(2, 1.5); f(2, w = 1.5); f(x = 2, w = 1.5)
5.3757797451792868
```

但下列的指令是行不通的：

```
>>> f(x = 2, 1.5)
SyntaxError: non-keyword arg after keyword arg
```

錯誤的原因是：一旦我們在某個引數使用了鍵 (key)，則這之後的引數皆須使用鍵。當然我們可以設定異於預設值之數值，例如 u = 3, v = 2。下面的指令皆可得到相同的答案：

```
>>> f(2, 1.5, 3, 2)
>>> f(2, 1.5, 3, v = 2)
>>> f(2, 1.5, u = 3, v = 2)
>>> f(2, w = 1.5, u = 3, v = 2)
>>> f(x = 2, w = 1.5, u = 3, v = 2)
7.3757797451792868
```

很奇妙的是下面的指令也可以得到相同的答案：

```
>>> f(2, 1.5, v = 2, u = 3)
>>> f(2, u = 3, v = 2, w = 1.5)
```

```
>>> f(v = 2, u = 3, w = 1.5, x = 2)
7.3757797451792868
```

這說明了 x = 2, w = 1.5, u = 3 及 v = 2 在呼叫 f 時並沒有寫法順序上的差別。

在定義一個函數時，常常要回傳的物件不只一個。此時我們可將此回傳物件設定為列表 (list) 或是字典 (dictionary)；甚至有些物件設定為列表，而有些物件設定為元組 (tuple)。

拿到一些資料，通常第一件要做的事是大致了解給定資料一些可能的特性。底下我們定義一些函數來得到給定資料的描述性統計 (descriptive statistics) 結果。這些結果包括資料大小 (size)、平均值 (mean)、變異數 (variance)、及第一、第二、第三分位數 (quantiles)。首先建立資料：

```
>>> np.random.seed(1)
>>> x = np.random.normal(size = 100)
```

接著我們建構一個函數，其回傳物件設定為列表：

```
>>> def f1(x):
        size = len(x)
        mean = np.mean(x)
        variance = np.var(x, ddof = 1)
        quantiles = np.percentile(x, [25, 50, 75])
        return [size, mean, variance, quantiles]

>>> g1 = f1(x)

>>> type(g1)
<class 'list'>

>>> print("Size = " + str(g1[0]))
Size = 100
>>> print("Mean = " + str(g1[1]))
Mean = 0.0605828520757
>>> print("Variance = " + str(g1[2]))
Variance = 0.791415679681
```

```
>>> print("Quantiles = " + str(g1[3]))
Quantiles = [-0.61381752  0.06407391  0.63741034]
```

再來我們建構一個函數，其回傳物件設定為字典：

```
>>> def f2(x):
        size = len(x)
        mean = np.mean(x)
        variance = np.var(x, ddof = 1)
        quantiles = np.percentile(x, [25, 50, 75])
        return {"size": size, "mean": mean, "variance":
                variance, "quantiles": quantiles}

>>> g2 = f2(x)

>>> type(g2)
<class 'dict'>

>>> print("Size = " + str(g2["size"]))
Size = 100
>>> print("Mean = " + str(g2["mean"]))
Mean = 0.0605828520757
>>> print("Variance = " + str(g2["variance"]))
Variance = 0.791415679681
>>> print("Quantiles = " + str(g2["quantiles"]))
Quantiles = [-0.61381752  0.06407391  0.63741034]
```

最後我們建構一個函數，其回傳物件有些設定為列表，有些設定為元組：

```
>>> def f3(x):
        size = len(x)
        mean = np.mean(x)
        variance = np.var(x, ddof = 1)
        quantiles = np.percentile(x, [25, 50, 75])
        return [size, mean, variance], (quantiles)

>>> g3 = f3(x)
```

```
>>> type(g3)
<class 'tuple'>

>>> print("Size = " + str(g3[0][0]))
Size = 100
>>> print("Mean = " + str(g3[0][1]))
Mean = 0.0605828520757
>>> print("Variance = " + str(g3[0][2]))
Variance = 0.791415679681
>>> print("Quantiles = " + str(g3[1]))
Quantiles = [-0.61381752  0.06407391  0.63741034]
```

例題 5.1.13 ▶▶▶ 有時定義一個函數後，我們想要把它儲存起來以便將來可以讀進來使用；在 R 程式語言就可以如此做。底下我們分別使用 np.save() 和 np.savez() 將函數儲存起來看看。定義如下之函數：

$$f(x) = x^3 \cos(x).$$

我們可以使用下列的簡單指令建構此函數：

```
>>> f = lambda x: x**3 * np.cos(x)
>>> type(f)
<class 'function'>
>>> f(2.5)
-12.517868992920839
```

將函數 f 儲存起來：

```
>>> np.save("D:\\Practical-Python-Programming\\Python-Files
        \\savef", f)
Traceback (most recent call last):
  File "<pyshell#53>", line 1, in <module>
    np.save("D:\\Practical-Python-Programming\\Python-Files
        \\savef", f)
  File "c:\program files\python35\lib\site-packages\numpy\
lib\npyio.py", line 511, in save
    pickle_kwargs=pickle_kwargs)
```

```
   File "c:\program files\python35\lib\site-packages\numpy\
lib\format.py", line 586, in write_array
      pickle.dump(array, fp, protocol=2, **pickle_kwargs)
_pickle.PicklingError: Can't pickle <function <lambda> at
0x000000000A77B488>: attribute lookup <lambda> on __main__
failed
>>>
>>> np.savez("D:\\Practical-Python-Programming\\Python-Files
        \\savezf", f)
Traceback (most recent call last):
  File "<pyshell#55>", line 1, in <module>
    np.savez("D:\\Practical-Python-Programming\\Python-Files
        \\savezf", f)
  File "c:\program files\python35\lib\site-
packages\numpy\lib\npyio.py", line 595, in savez
    _savez(file, args, kwds, False)
  File "c:\program files\python35\lib\site-
packages\numpy\lib\npyio.py", line 716, in _savez
    pickle_kwargs=pickle_kwargs)
  File "c:\program files\python35\lib\site-
packages\numpy\lib\format.py", line 586, in write_array
      pickle.dump(array, fp, protocol=2, **pickle_kwargs)
_pickle.PicklingError: Can't pickle <function <lambda> at
0x000000000A77B488>: attribute lookup <lambda> on __main__
failed
>>>
```

由上面結果發現，不管使用 np.save() 或 np.savez() 都無法將函數儲存起來。其實要將函數儲存起來以便將來繼續使用，只要將函數存成 Python File (.py 檔)，要使用時再將其載入即可。操作方法簡述如下。首先在 Python Shell 開一個新檔案並輸入下列指令：

```
import numpy as np
f = lambda x: x**3 * np.cos(x)
```

執行 Python Shell的「file/save」功能打開「另存新檔」視窗,將它儲存到 \Python35\Scripts 資料夾底下(此例檔案名稱設為 f),要使用時直接用 import 指令將其載入即可:

```
>>> from f import f
>>> f(2.5)
-12.517868992920839
```

5.2 陣列運算函數

在撰寫 Python 程式時應儘量使用內建函數,並避免使用迴圈,以免程式執行速度變慢許多。

在一個多維陣列的運算中有兩個十分有用的內建函數 np.apply_along_axis() 及 np.apply_over_axes();所不同的是 np.apply_along_axis() 只能沿著某一個軸進行運算,而 np.apply_over_axes() 可以沿著一個或多個軸進行運算。這兩個函數的語法為

> np.apply_along_axis(func1d, axis, arr, *args, **kwargs)
> np.apply_over_axes(func, a, axes)

其中 arr 及 a 是一個陣列,func1d 及 func 是欲使用之函數。若 a 是一個二維之陣列,axis = 0 或 axes = 0 代表函數將依行使用 (by column),axis = 1 或 axes = 1 代表函數將依列使用 (by row)。說得更明確些,若 X 是一個 $m \times n$ 的矩陣,則

> np.apply_along_axis(np.sum, axis = 0, X)
> np.apply_over_axes(np.sum, X, axes = 0)

是對第一個指標作累加的動作,即

$$\sum_i x_{ij},$$

而

$$
\text{np.apply\_along\_axis(np.sum, axis = 1, X)}
$$
$$
\text{np.apply\_over\_axes(np.sum, X, axes = 1)}
$$

是對第二個指標作累加的動作，即

$$
\sum_{j} x_{ij} .
$$

例題 5.2.1 ▶▶▶ 給定一個矩陣：

```
>>> A = np.arange(1, 13).reshape(4, 3)
>>> A
array([[ 1,  2,  3],
       [ 4,  5,  6],
       [ 7,  8,  9],
       [10, 11, 12]])
```

若要求每列的和 (row sum) 可以使用下列的指令：

```
>>> np.sum(A, axis = 1)
array([ 6, 15, 24, 33])

>>> np.apply_along_axis(np.sum, 1, A)
array([ 6, 15, 24, 33])
```

當然也可以使用 np.apply_over_axes()：

```
>>> m1 = np.apply_over_axes(np.sum, A, axes = 1)
>>> m1
array([[ 6],
       [15],
       [24],
       [33]])

>>> type(m1)
```

```
<class 'numpy.ndarray'>

>>> np.shape(m1)
(4, 1)
```

這是一個二維陣列。如此結果亦可由下列的指令得到：

```
>>> np.sum(A, axis = 1, keepdims = True)
```

若我們想要最後之結果是一個一維陣列，可以使用下列的指令：

```
>>> np.apply_over_axes(np.sum, A, axes = 1).flatten()
array([ 6, 15, 24, 33])
```

若要求每行的平均值 (column mean) 可以使用下列的指令：

```
>>> np.mean(A, axis = 0)
>>> np.apply_along_axis(np.mean, 0, A)
>>> np.apply_over_axes (np.mean, A, axes = 0).flatten()
array([ 5.5,  6.5,  7.5])
```

　　我們也可以不用內建之函數而自己定義一個想要的函數。比方說，若我們要求每列的變異係數 (coefficient of variation, CV)，即樣本標準差 (sample standard deviation) 與樣本平均數 (sample mean) 之比值，則可以使用下列的指令：

```
>>> cv = lambda x: np.std(x, ddof = 1) / np.mean(x)

>>> np.apply_along_axis(cv, 1, A)
array([ 0.5       ,  0.2       ,  0.125      ,  0.09090909])
```

或直接將 cv() 函數寫為第一個引數：

```
>>> np.apply_along_axis(lambda x: np.std(x, ddof = 1)
         / np.mean(x), 1, A)
array([ 0.5       ,  0.2       ,  0.125      ,  0.09090909])
```

但不幸的是：

```
>>> np.apply_over_axes(cv, A, axes = 1)
TypeError: cv() takes 1 positional argument but 2 were given
```

在這種情況下因為 np.apply_over_axes 會將兩個參數即 A 和 axes 傳給 "cv" 這個函數，而我們使用 lambda 定義的函數只接受一個參數，因此會產生錯誤。

同理，若 X 是一個 $m \times n \times p$ 的三維陣列，則

np.apply_over_axes(np.sum, X, axes = 0)

是對第一個指標作累加的動作，即

$$\sum_i x_{ijk} \,,$$

而

np.apply_over_axes(np.sum, X, axes = [0, 2])

是對第一個及第三個指標作累加的動作，即

$$\sum_i \sum_k x_{ijk} \,.$$

例題 5.2.2 ▶▶▶ 給定一個三維陣列：

```
>>> A = np.arange(24).reshape(2, 3, 4)
>>> A
array([[[ 0,  1,  2,  3],
        [ 4,  5,  6,  7],
        [ 8,  9, 10, 11]],

       [[12, 13, 14, 15],
        [16, 17, 18, 19],
        [20, 21, 22, 23]]])
```

底下我們示範一些 np.apply_over_axes() 之執行結果：

```
>>> np.apply_over_axes(np.sum, A, axes = 0)
array([[[12, 14, 16, 18],
        [20, 22, 24, 26],
        [28, 30, 32, 34]]])

>>> np.apply_over_axes(np.sum, A, axes = [0, 1])
array([[[60, 66, 72, 78]]])

>>> np.apply_over_axes(np.sum, A, [0, 2])
array([[[ 60],
        [ 92],
        [124]]])
```

5.3 排序函數

一群數字的排序在程式設計中是經常有的動作。np.sort() 和 np.argsort() 是兩個很有用的排序函數。假設我們給定一個陣列：

```
>>> x = np.array([1.2, -3.4, 5.7, -6, 0, 3])
>>> x
array([ 1.2, -3.4,  5.7, -6. ,  0. ,  3. ])
```

將給定的數字由小排到大可使用 np.sort()：

```
>>> np.sort(x)
array([-6. , -3.4,  0. ,  1.2,  3. ,  5.7])
```

np.argsort() 則是將排序後原數列之指標找出：

```
>>> np.argsort(x)
array([3, 1, 4, 0, 5, 2], dtype=int32)
```

在排序中另一重要的運算是 rank，即該數字由小排到大是排在第幾位 (即排名)。底下我們定義這樣的函數：

```
>>> def rank_sort(x):
        x_order = np.argsort(x)
        x_rank = np.zeros(len(x), int)
        j = 0
        for i in x_order:
                x_rank[i] = j
                j = j + 1
        return x_rank

>>> rank_sort(x)
array([3, 1, 5, 0, 2, 4])
```

另一個更簡易的函數定義如下：

```
>>> rank = lambda x: np.argsort(np.argsort(x))

>>> rank(x)
array([3, 1, 5, 0, 2, 4], dtype=int32)
```

這個簡易函數之建立是基於一個事實：argsort() 執行結果的指標正是原數字之 rank。再來試一個例子：

```
>>> a = np.array([2.5, 2.5, 2.5, 2.5, 2.3, 4.7, -2.2, 4.6, 4.6])

>>> rank_sort(a)
array([2, 3, 4, 5, 1, 8, 0, 6, 7])

>>> rank(a)
array([2, 3, 4, 5, 1, 8, 0, 6, 7], dtype=int32)
```

請注意底下的這兩個指令會產生相同的結果：

```
>>> np.sort(x)
array([-6. , -3.4,  0. ,  1.2,  3. ,  5.7])
```

```
>>> x[np.argsort(x)]
array([-6. , -3.4,  0. ,  1.2,  3. ,  5.7])
```

與 np.sort(x) 是相同的。同樣地，底下的這兩個指令也會產生相同的結果：

```
>>> np.argsort(x)[2]
4
```

```
>>> np.where(rank(x) == 2)
(array([4], dtype=int32),)
```

　　請注意底下的這個指令執行的結果：

```
>>> a = np.array([6, 2, 5, -1, 0])
array([ 6,  2,  5, -1,  0])
```

```
>>> a.sort()
>>> a
array([-1,  0,  2,  5,  6])
```

此時陣列的內容已改變為由小排到大之排序了。

　　若要將給定的數字由大排到小可使用下列的指令：

```
>>> rev = lambda x: x[range(len(x) - 1, -1, -1)]
```

```
>>> x = np.array([1.2, -3.4, 5.7, -6, 0, 3])
>>> x
array([ 1.2, -3.4,  5.7, -6. ,  0. ,  3. ])
```

```
>>> rev(np.sort(x))
array([ 5.7,  3. ,  1.2,  0. , -3.4, -6. ])
```

或

```
>>> -np.sort(-x)
array([ 5.7,  3. ,  1.2,  0. , -3.4, -6. ])
```

當然我們也可以將 rank() 之執行結果倒過來：

```
>>> rev(rank(x))
array([4, 2, 0, 5, 1, 3], dtype=int32)
```

5.4 多項式函數

在經過一些多項式運算後，最後之多項式的最高次方的係數有時會變為 0，如下所示：

```
>>> a = [5, 4, 3, 2, 1]
>>> b = [-5, -4, 1, 2, 3]
>>> np.polyadd(a, b)
array([0, 0, 4, 4, 4])
```

為了刪除這些不必要的高階係數，我們可以使用下列的指令：

```
>>> np.poly1d(np.polyadd(a, b))
poly1d([4, 4, 4])
```

或自己撰寫如下的函數：

```
## Py-codes of cleaning a polynomial

>>> eps = 1.0e-7

>>> def poly_redu(a):
        a = list(a)  # Force it to be a list.
        while np.abs(a[0]) < eps:
            a = np.delete(a, 0)
        return a  # return a list
```

接著我們來測試此函式之正確性：

```
>>> poly_redu([4, 3, 2, 1])
[4, 3, 2, 1]
```

```
>>> poly_redu([0, 0, 4, 3, 2, 1, 0])
array([4, 3, 2, 1, 0])
```

我們已知 np.polyadd() 可將兩個多項式相加。假如我們希望有一個函式可以將任意個多項式相加，該如何撰寫此函式呢？以下是我們的程式碼：

```
## Py-codes of polynomial addition: at least one polynomial

>>> def poly_add(*poly):
        n = len(poly)
        if n == 1:
            c = poly[0]
            c = poly_redu(c)
        elif n == 2:
            c = np.polyadd(poly[0], poly[1])
            c = poly_redu(c)
        else:
            c = np.polyadd(poly[0], poly[1])
            c = poly_redu(c)
            for i in range(2, n):
                c = np.polyadd(c, poly[i])
                c = poly_redu(c)
        return c
```

接著我們來測試此函式之正確性。假設

$$p_1(s) = 1,\ p_2(s) = 2s + 1,\ p_3(s) = 3s^2 + 2s + 1,\ p_4(s) = 4s^3 + 3s^2 + 2s + 1,$$

則

$$p_1(s) + p_2(s) = 2s + 2,$$
$$p_1(s) + p_2(s) + p_3(s) = 3s^2 + 4s + 3,$$
$$p_1(s) + ... + p_4(s) = 4s^3 + 6s^2 + 6s + 4.$$

我們的驗證程式碼如下：

```
p1 = [1]
p2 = [2, 1]
p3 = [3, 2, 1]
p4 = [4, 3, 2, 1]

poly_add(p1, p2)
array([2, 2])

poly_add(p1, p2, p3)
array([3, 4, 3])

poly_add(p1, p2, p3, p4)
array([4, 6, 6, 4])
```

5.5 編譯 Python 程式模組

所謂模組就是一個單獨的程式檔案，可以是 Python 程式原始碼 (.py) 或 dll 檔案 (.pyd) 或其他。原始碼檔案內通常含有變數、程式、副程式、類別等。假設資料夾內有個 mymodule.py 檔，需要載入時，我們可以使用下列的指令：

```
>>> import sys

>>> mypath = 'D:\\Practical-Python-Programming\\Python-Files'
>>> sys.path.append(mypath)

>>> import mymodule

>>> mymodule.add(10, 2)
12
>>> mymodule.sub(10, 2)
8
```

此時系統會將 mymodule.py 進行編譯，並且儲存成 mymodule.pyc 或 mymodule.pyo (含最佳化) 檔案，這些就是已經編譯完成的位元碼 (bytecode)，主要目的是方便下次載入時不需要再編譯一次。位元碼的執行速度雖然不及可執行碼，但是已經是相當接近了；更重要的是，可以不必理會主機的 OS 和 CPU 屬於何種系統，只要該平台有安裝 Python 的系統就可以執行，其概念和 Java 的虛擬機完全相同。

當然使用者也可以自行對 mymodule.py 進行編譯，此時只要載入模組並執行 compile 指令即可。首先必須將 mymodule.py 放在工作目錄底下或改變工作目錄為 mymodule.py 所在之資料夾。工作目錄可以設定如下：

```
>>> import os
>>> mypath = 'D:\\Practical-Python-Programming\\Python-Files'
>>> os.chdir(mypath) # change
>>> os.getcwd() # confirm
'D:\\Practical-Python-Programming\\Python-Files'
```

接著執行 compile 指令：

```
>>> import py_compile
>>> py_compile.compile('mymodule.py')
'__pycache__\\mymodule.cpython-35.pyc'
```

在 Windows 的環境底下，使用者還可以將 Python 檔案編譯成 Windows 專用可執行檔 (即 .exe 檔)，但是筆者不建議，因為這種檔案只能在 Windows 的環境底下才能執行，這就完全失去 Python 可以跨平台的精神了。

5.6 習題

【習題 5.6.1】在本習題我們考慮攝氏溫度與華氏溫度之間的轉換。

(1) 試定義一個函數能將攝氏溫度轉換為華氏溫度，並計算攝氏 -20, -10, ..., 30, 40 轉換為華氏溫度之結果。

(2) 試定義一個函數能將華氏溫度轉換為攝氏溫度，並計算華氏 10, 20, ..., 60, 70 轉換為攝氏溫度之結果。

【習題 5.6.2】試列出 4 和 5 的九九乘法表如下：

```
x   *   y   =   z
4   *   1   =   4
4   *   2   =   8
4   *   3   =   12
4   *   4   =   16
4   *   5   =   20
4   *   6   =   24
4   *   7   =   28
4   *   8   =   32
4   *   9   =   36
5   *   1   =   5
5   *   2   =   10
5   *   3   =   15
5   *   4   =   20
5   *   5   =   25
5   *   6   =   30
5   *   7   =   35
5   *   8   =   40
5   *   9   =   45
```

【習題 5.6.3】有一班學生的期末成績為 97, 63, 86, 77, 54, 93, 81, 45, 99, 73，老師將依下列分數級距打評語：

分數	評語
95以上	excellent
85~94	very good
60~84	good
59以下	no good

請設計一程式幫老師為這些學生打評語。

【習題 5.6.4】利用 while() 設計一程式找出 200 以下 13 倍數的整數及此集合的個數。

【習題 5.6.5】考慮一個等比序列 $1, r, r^2, r^3, \ldots$。

(1) 試使用 for() 寫一函數能計算此序列之前 n 項及此前 n 項之和。試試您定義的函數，其中 $n = 10$，$r = 0.5$。

(2) 試使用 while() 寫一函數能計算此序列之前 n 項及此前 n 項之和。試試您定義的函數，其中 $n = 10$，$r = 0.5$。

(3) 請問在 (1) (2) 中所得之和是否與 $1/(1-r)$ 很接近？為什麼？

【習題 5.6.6】小明每月基本生活費是 15000 元，分配儲蓄金額是餘額的 30%，但餘額又視儲蓄金額而定。假設小明月收入是 22000 元。試設計一程式計算小明的月儲蓄金與餘額各是多少？(計算到餘額前後金額差小於 0.000001，並算出反覆計算之次數)

【習題 5.6.7】設計一函數將 10 進位整數數字轉換成 k 進位數字。利用此函數計算下列的轉換。

(1) 將 10, 11, 12 轉換成 2 進位數字。

(2) 將 10, 11, 12 轉換成 3 進位數字。

【習題 5.6.8】試寫一函數 f(x) 能同時計算一群實數 x 之樣本平均數 (sample mean)、樣本中位數 (sample median)、樣本變異數 (sample variance)、樣本標準差 (sample standard deviation)、最小值及最大值，並以字典型式回傳計算結果。假設

x = np.array([-2.5, 3.2, 0, 4.4, 6.2])

請計算 f(x)。

【習題 5.6.9】定義如下的 Hampel's 17A 函數：

$$\rho(u) := \begin{cases} u^2/2, & |u| \le a, \\ a|u| - a^2/2, & a < |u| \le b, \\ [0.5a/(b-c)]\left[(b-c)(b+c-a)(|u|-c)^2\right], & b < |u| \le c, \\ a(b+c-a)/2, & |u| > c, \end{cases}$$

其中 $a < b < c$ 皆為實數參數。令 $a = 2$，$b = 4$，$c = 8$。

(1) 請計算 $\rho(u)$，其中 u = -10, -9, ..., 0, 1, 2, ..., 10。

(2) 請繪出此函數之圖形。

【習題 5.6.10】此習題介紹如何以 Box-Muller 法產生兩個獨立且具標準常態分佈 (standard normal distribution) 之隨機變數的隨機樣本 (random sample)[Hogg, 2012]。令 Y_1, Y_2 為於區間 $[0,1]$ 具均勻分佈 (uniform distribution) 的隨機樣本。定義

$$X_1 := \left(-2\ln Y_1\right)^{1/2}\cos(2\pi Y_2), \; X_2 := \left(-2\ln Y_1\right)^{1/2}\sin(2\pi Y_2),$$

則 X_1 及 X_2 為獨立且具標準常態分佈之隨機樣本。要產生長度為 n 且於區間 $[0,1)$ 具均勻分佈的隨機樣本可以使用如下的指令：

```
np.random.uniform(size = n)
```

(1) 試產生獨立且具標準常態分佈之隨機樣本 X_1 及 X_2，且個別長度為 100。

(2) 試畫出 X_2 對 X_1 之圖形 (橫軸為 X_1，縱軸為 X_2)。您觀察到什麼特性呢？為什麼？

【習題 5.6.11】在此習題中我們介紹如何以 Marsaglia-Bray 法產生兩個獨立且具標準常態分佈之隨機變數的隨機樣本 [Hogg, 2012]。此演算法可描述如下：

步驟 1：產生兩個於區間 $[-1,1]$ 具均勻分佈的亂數 U, V。

步驟 2：令 $W = U^2 + V^2$。

步驟 3：若 $W > 1$，則回到步驟 1；否則到步驟 4。

步驟 4：令

$$Z := \sqrt{(-2\log W)/W}, \; X_1 := UZ, \; X_2 := VZ.$$

以上的步驟一直重覆直到搜集到 n 個 X_1 及 X_2 為止。此時 X_1 及 X_2 為獨立且具標準常態分佈之隨機樣本。要產生長度為 n 且於區間 $[-1,1)$ 具均勻分佈的隨機樣本可以使用如下的指令：

```
np.random.uniform(low = -1, high = 1, size = n)
```

(1) 試產生獨立且具標準常態分佈之隨機樣本 X_1 及 X_2，且個別長度為 100。

(2) 試畫出 X_2 對 X_1 之圖形 (橫軸為 X_1，縱軸為 X_2)。您觀察到什麼特性呢？為什麼？

【習題 5.6.12】定義如下之多變數函數：

$$f(x_1, x_2, x_3) = 3x_1^2 + 5x_2 - x_1 x_3.$$

計算 f 在下列點的數值：

(1) $(x_1, x_2, x_3) = (2, -1, 0)$

(2) $(x_1, x_2, x_3) = (-1, 0, 1)$

(3) $(x_1, x_2, x_3) = (1, -1, 1)$

【習題 5.6.13】定義如下之函數：

$$f(x) = \cos(x),\ g(x) = \sin(x).$$

令 h 是 f 和 g 的合成函數，即

$$h(x) = (f \circ g)(x) = f(g(x)).$$

令

```
x = np.arange(start = -5, stop = 6, dtype = int)
```

試列出 f, g, h 在 x 之值。

【習題 5.6.14】

　　我們已知 np.polymul() 可將兩個多項式相乘。假如我們希望有一個函式可以將任意個多項式相乘，該如何撰寫此函式呢？假設

$$p_1(s) = 1,\ p_2(s) = 2s+1,\ p_3(s) = 3s^2 + 2s + 1,\ p_4(s) = 4s^3 + 3s^2 + 2s + 1,$$

計算 $p_1 \times p_2$, $p_1 \times p_2 \times p_3$, $p_1 \times p_2 \times p_3 \times p_4$ 。

Python 繪圖：
Matplotlib

Python 程式語言的套件 Matplotlib 具有十分強大的繪圖功能。在本章中我們將從最基本的繪圖功能開始介紹。

先舉個簡單的例子。我們從 cars.txt 文字檔中載入資料，第一行資料指定給代表車子速率的變數 speed，第二行資料指定給代表車子煞車距離的變數 dist。此資料共有 50 筆量測數據：

```
>>> import numpy as np
>>> import os
>>> mywd = "D:\Practical-Python-Programming\Python-Data-Sets"
>>> os.chdir(mywd)
>>> speed, dist = np.loadtxt("cars.txt", unpack = True,
        usecols = [0,1])
```

我們可以使用下列指令畫出圖形 (如圖 6.0.1)：

```
>>> import matplotlib.pyplot as plt
>>> plt.plot(speed, dist, "wo")
>>> plt.xlabel("speed")
>>> plt.ylabel("dist")
>>> plt.show()
```

上面的指令是以 plot() 指令採白色圓形標記畫出 speed 車子速率對 dist 車子煞車距離的分佈點圖，並在圖形上分別標示出 x 軸與 y 軸座標名稱 speed 與 dist，最後以 show() 指令將圖形顯示出來。在檢視圖形之後，我們可以在圖形視窗下方用滑鼠左鍵點選儲存 (save) 按鈕，將圖形存起來做後續處理。

因為 matplotlib.pyplot 預設為關閉互動式繪圖模式之功能，所以上面的繪圖例子以 plt.show() 指令將圖形顯示出來之後，Python Shell 就無法進行程式編譯工作，一直要等到使用者用滑鼠左鍵關閉圖形視窗才恢復編譯功能。如此只能顯示一個圖形視窗 (一張圖)，檢視後就必須關閉；但是在編譯程式的過程中我們往往需要同時顯現多張圖形，該如何是好？這個時候只要啟動互動式繪圖模式 plt.ion() 之功能就可以了。此時，不需使用 plt.show() 指令，圖形會依繪圖指令的執行自動顯示出來。如果要關閉互動式繪圖模式之功能，就執行 plt.ioff() 指令。

在上面的繪圖程序中，我們大部分使用了內定的圖形參數設定。當然使用者也可以自行設定這些參數。要了解內定的圖形參數的詳細內容可鍵入：

```
>>> import matplotlib as mpl
>>> mpl.rcParams
```

由上面的繪圖可知，一個繪圖視窗可以分為兩個部份。一個是繪圖區域 (plotting region)，這是真正繪製圖形的地方；另一個是座標軸 (axis) 及邊界 (margins)。我們將進一步介紹相關部份的設定及用法。

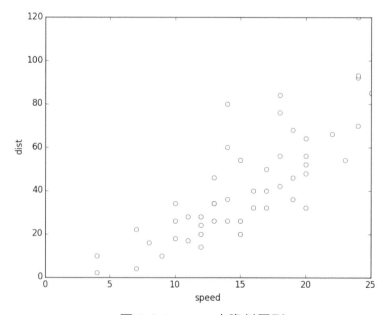

圖 6.0.1：cars 之資料圖形

6.1 繪圖視窗之設定

在本節，我們要來介紹繪圖視窗的設定。通常我們需要自己設定繪圖視窗的樣式及大小，理由是由此所繪出的圖形在插入至文書處理文件 (如 WORD 檔) 時會比較合適。比方說 (如圖 6.1.1)：

```
>>> plt.figure(figsize = (9, 6.6))
>>> plt.plot(speed, dist, "wo")
>>> plt.xlabel("speed")
>>> plt.ylabel("dist")
>>> plt.margins(0.05, 0.05)
>>> plt.show()
```

第一個指令是設定繪圖視窗的寬為 9 英吋、高為 6.6 英吋，第五個指令是自定 x 與 y 軸的邊界長度比例。figure() 指令主要是建立一張新的圖形，除了設定繪圖視窗的大小 (figsize) 之外，還可以指定圖形的名稱或編號、解析度 (dpi)、背景顏色 (facecolor) 與邊線顏色 (edgecolor) 等；如果沒有指定參數值，則會以預設值繪圖，例如預設圖型編號為 1，figsize = (8.0, 6.0)、、、等。建議讀者繪圖時以 figure() 指令開始並指定圖形名稱或編號。

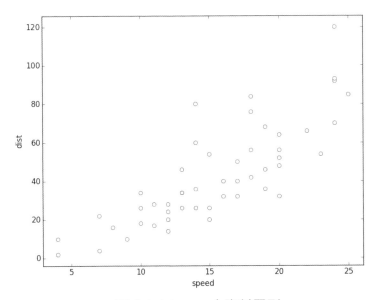

圖 6.1.1：cars 之資料圖形

6.2 常用的圖形參數

　　matplotlib.pyplot 裡面的 plot() 指令主要是以線條或標記符號的方式來繪製兩個變數的對應圖形。可以採預設的線條格式或自定線條 (標記符號) 格式來繪圖。舉例如下。首先啟動互動式繪圖模式：

```
>>> plt.ion()
```

若以預設之線條格式畫線，可以使用下列的指令：

```
>>> plt.figure(1)
>>> plt.plot(speed, dist)
```

欲以線寬為 2 之綠色線條畫線，可以使用下列的指令：

```
>>> plt.figure(2)
>>> plt.plot(speed, dist ,"g-", linewidth = 2)
```

以紅色標記底色之圓形符號畫圖，則可使用：

```
>>> plt.figure(3)
>>> plt.plot (speed, dist, "ro")
```

底下以上三角形、藍色標記線條、黃色標記底色與標記呎吋為 12 之符號畫圖：

```
>>> plt.figure(4)
>>> plt.plot(speed, dist, "^",  markeredgecolor = "blue",
        markerfacecolor= "yellow",  markersize = 12)
```

同時以線條 (綠色線條、線寬 = 2、虛線) 及標記符號 (下三角形、紅色標記框線、白色標記底色、標記呎吋 = 12) 畫圖：

```
>>> plt.figure(5)
>>> plt.plot(speed, dist, color= "green", linewidth = 2,
        linestyle = "dashed", marker= "v", markeredgecolor = "red",
        markerfacecolor = "white", markersize = 12)
```

事實上，在上述指令中有關顏色參數之設定，可以使用字元或名稱來設定如下表所示。

表 6.2.1：顏色參數的字元與名稱

顏色	字元	名稱
藍色	b	blue
綠色	g	green
紅色	r	red
黃色	y	yellow
黑色	k	black
白色	w	white
青綠色	c	cyan
洋紅色	m	magenta

除了上面這些顏色之外其他合法的HTML顏色名稱 (HTML color names) 也都可以使用，例如黃綠色 (chartreuse)，原木色 (burlywood)、、、等。

線的樣式設定可以使用字元或名稱來設定如表 6.2.2 所示，例如：linestyle = "--" 或 linestyle = "dashed"。標記形狀則只能使用符號及字元來設定如表 6.2.3 所示。

表 6.2.2：線樣式參數的字元與名稱

樣式	字元	全名
實線	-	solid
虛線	--	dashed
點線	:	dotted
點畫線	-.	dashdot

表 6.2.3：標記形狀參數的符號及字元

標記形狀	字元
點	.
圓形	o
下三角形	v
上三角形	^
左三角形	<
右三角形	>
下三叉形	1
上三叉形	2
左三叉形	3
右三叉形	4
正方形	s
五角形	p
星號	*
六邊形1	h
六邊形2	H
加號	+
X號	x
鑽石形	D
細鑽石形	d
直線		
橫線	_

除了使用關鍵字引數，如 linestyle = "dashed" 與 marker = "v" 設定線的樣式與標記符號之外，也可以組合顏色、線樣式與標記符號的參數字元來設定，例如 "g-" 代表綠色實線，"ro" 代表紅色圓形標記。依此方式，前面繪製 figure(5)的指令可以改寫成如下：

```
>>> plt.figure(6)
>>> plt.plot(speed, dist, "g--v", linewidth = 2,
        markeredgecolor = "red", markerfacecolor = "white",
        markersize = 12)
```

要以標記符號畫圖，除了使用 plot() 指令的 marker 參數之外，使用 scatter() 指令也可以完成：

```
>>> plt.figure(7)
>>> plt.scatter(speed, dist, s = 30, marker = 'D')
```

至此，我們以互動式繪圖模式繪出 figure(1), figure(2), ..., figure(7)七張圖，暫告一段落，執行 plt.ioff() 指令關閉互動式繪圖模式。

接著我們以 scatter() 來看看各種符號及顏色的型式 (如圖 6.2.1)：

```
>>> plt.figure('6.2.1')
>>> x = np.arange(21)
>>> colors = ['blue', 'green', 'red', 'yellow', 'black',
        'crimson', 'cyan', 'magenta', 'chartreuse', 'burlywood']
>>> markers = ['.', 'o', 'v', '^', '<', '>', '1', '2', '3',
        '4', 's', 'p', '*', 'h', 'H', '+', 'x', 'D', 'd',
        '|', '_']
>>> for i in x:
        plt.scatter(i, i, s = (i%10*10+50), marker =
        markers[i], c = colors[i%10])

>>> plt.margins(0.05, 0.05)
>>> plt.show()
```

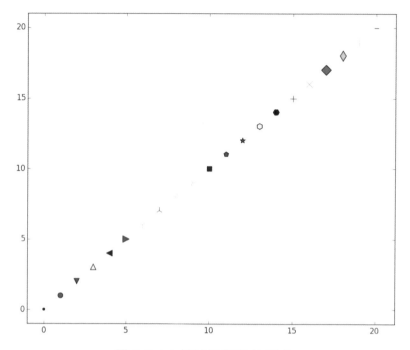

圖 6.2.1：符號及顏色的型式

6.3 座標軸與刻度

現在我們來介紹座標軸及邊界的相關函數與圖形參數：

axis 取得或設定軸的性質

▶ axis()　　　　　　　　取得 x 與 y 軸的範圍

v = [-1, 1, -1, 1]

▶ axis(v)　　　　　　　　設定 x 與 y 軸的範圍分別為 -1 到 1

xlim 取得或設定x軸的範圍

▶ xlim()　　　　　　　　取得 x 軸的範圍

▶ xlim(0, 2)　　　　　　　設定 x 軸的範圍為 0 到 2

ylim 取得或設定 y 軸的範圍

> ▶ ylim()   取得 y 軸的範圍

> ▶ ylim(-2, 0)   設定 y 軸的範圍為 -2 到 0

grid 軸格線設定

> ▶ grid()   同時劃出 x 與 y 軸格線

> ▶ grid(axis = 'x')   只劃出 x 軸格線

> ▶ grid(axis = 'y')   只劃出 y 軸格線

> ▶ gride(0)   刪除格線

xlabel 設定 x 軸標籤

ylabel 設定 y 軸標籤

xticks 取得或設定 x 軸刻度位置與標籤

> ▶ locs, labels = xticks()   取得 x 軸刻度位置與標籤

> ▶ xticks((5, 10, 15), ('five', 'ten', 'firteen')) 在 x = 5, 10, 15 的位置設定刻度，並分別以 'five', 'ten', 'firteen' 為標籤

yticks 取得或設定 y 軸刻度位置與標籤

> ▶ locs, labels = yticks()   取得 y 軸刻度位置與標籤

> ▶ yticks((10, 20, 30), ('red', 'blue', 'green')) 在 y = 10, 20, 30 的位置設定刻度，並分別以 'red', 'blue', 'green' 為標籤

tick_params 改變刻度與刻度標籤的外觀

> 關鍵字引數：

> ▶ axis = 'x' , 'y' or 'both' 指定要改變的軸，預設值為 'both'

> ▶ which = 'major', 'minor' or 'both' 指定要改變的刻度 (主要刻度、次要刻度)，預設值為 'both'

> ▶ direction : 'in', 'out' or 'inout' 指定刻度方向 (向內，向外，或交叉)

- ▶ length 刻度長度 (點)

- ▶ width 刻度寬度 (點)

- ▶ color 刻度顏色

- ▶ bottom, top, left, right : [bool | 'on'| 'off'] 控制是否要畫出上下左右軸的刻度，預設值為'on'

- ▶ pad 刻度和標籤之間的距離

- ▶ labelsize 刻度標籤的字型大小 (點)

- ▶ labelcolor 刻度標籤的顏色

- ▶ colors 指定刻度和刻度標籤為同一顏色

minorticks_on() 劃出次要刻度

minorticks_off() 刪除次要刻度

margins 設定或取得邊界長度

- ▶ margins() 取得 x 與 y 軸邊界長度

- ▶ margins(0.05) 或

- ▶ margins(0.05, 0.05) 或

- ▶ margins (x = 0.05, y = 0.05) 同時設定 x 與 y 軸邊界長度為 0.05 倍資料間隔。

上列後面這兩個設定方法，也可以針對 x 與 y 軸分別設定不同的 margins。

舉一個簡單的例子來看看 (如圖 6.3.1)：

```
>>> plt.figure('6.3.1', figsize = (4.5,3.3))
>>> plt.xlim(3,27)
>>> plt.ylim(0,128)
>>> plt.plot(speed, dist, 'gv')
>>> plt.xlabel('speed')
>>> plt.ylabel('dist')
```

```
>>> plt.grid(color = 'orangered')
>>> plt.xticks((5, 10, 15, 20, 25))
>>> plt.yticks((25, 50, 75, 100, 125))
>>> plt.minorticks_on()
>>> plt.tick_params(which = 'minor', direction = 'out', length =
        3,  width = 2, colors = 'b', top = 0, right = 0)
>>> plt.tick_params(which = 'major', direction = 'in', length =
        6,  width = 2, colors = 'r', top = 0, right = 0)
>>> plt.show()
```

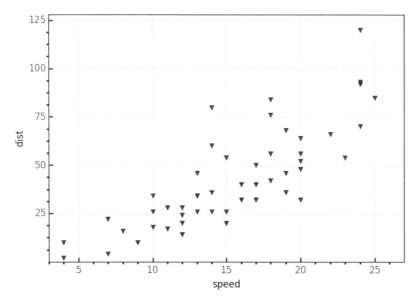

圖 6.3.1：座標軸刻度與格線之範例

再看一個例子 (如圖 6.3.2)：

```
>>> import numpy as np
>>> import matplotlib.pyplot as plt

>>> plt.figure('6.3.2', edgecolor = 'white', facecolor = 'white')
>>> x = np.arange(11)
>>> colors = np.arange(11)
>>> sizes = 100 - np.arange(11) % 4 * 20
```

```
>>> plt.axis([0., 10., 0., 10.])
>>> plt.scatter(x, x, s = sizes, c = colors)
>>> plt.xlabel('X axis')
>>> plt.ylabel('Y axis')
>>> plt.xticks(x, ('A', 'B', 'C', 'D', 'E', 'F', 'G', 'H',
        'I', 'J', 'K' ))
>>> plt.yticks(x, rotation = 90)

>>> plt.tick_params(axis = 'x', which = 'major', direction =
        'out', color = 'black', labelcolor = 'red', width = 2)

>>> plt.tick_params(axis = 'y', which = 'major', direction =
        'out', color = 'Chartreuse', labelcolor = 'BlueViolet',
        'BlueViolet', width = 2)
>>> plt.margins(0.1,0.1)

>>> ax = plt.gca()
>>> ax.spines['right'].set_color('Gold')
>>> ax.spines['right'].set_bounds(2, 10)
>>> ax.spines['left'].set_color('Chartreuse')
>>> ax.spines['top'].set_color('Aqua')
>>> ax.spines['top'].set_bounds(0, 8)

>>> ax.spines['bottom'].set_color('black')
>>> ax.spines['bottom'].set_position(('data', -0.5))
>>> ax.spines['top'].set_position(('data', 10.5))
>>> ax.spines['left'].set_position(('data', -0.5))
>>> ax.spines['right'].set_position(('data', 10.5))

>>> ax2 = ax.twiny()
>>> ax2.set_xticks(x)
>>> ax2.set_xticklabels(['0', '1', '2', '3', '4', '5', '6',
        '7', '8','', ''], color = 'Magenta')
>>> ax2.tick_params(direction = 'out', color = 'Aqua',
        pad = 15, width = 2)

>>> ax3 = ax.twinx()
>>> ax3.set_yticklabels(['', '20', '40', '60', '80', '100'])
```

```
>>> ax3.tick_params(direction = 'out', color = 'gold',
        pad = 25, width = 2)

>>> plt.show()
```

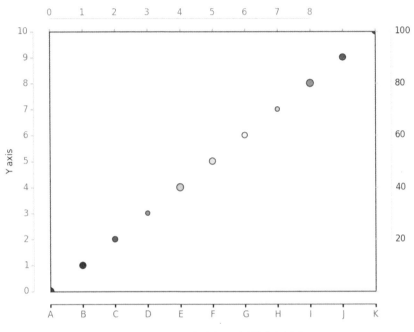

圖 6.3.2：座標軸及邊界之範例

6.4 加入文字

我們常需要在現有的圖形中加入一些文字、註解 (或註釋)、及圖標 (或圖例、備註) 等，使得圖形的內容更豐富。我們可以使用下列指令：

▶ text()   # 加入文字

▶ title()   # 加入圖形標題

▶ legend()   # 加入圖例

▶ annotate()   # 加入註解 (或註釋)

先看看下面這個簡單的例子 (如圖 6.4.1)：

```
>>> plt.figure('6.4.1', figsize = (4.5, 3.3))
>>> plt.plot(speed, dist, 'bo', label = 'braking distance to
        speed')
>>> plt.title("car data")
>>> plt.text(20, 100, "text here", fontsize = 16, color =
        "skyblue")
>>> plt.text(14.8, 120, "top", color = "green")
>>> plt.text(4, 60, "left", rotation = "vertical", color =
        "red")
>>> plt.annotate("bottom ", xy = (14.4, 5), color = "blue")
>>> plt.annotate("right ", xy = (25, 60), rotation = "vertical",
        color = "black")
>>> plt.legend(loc = "best")
>>> plt.margins(0.05, 0.05)
>>> plt.show()
```

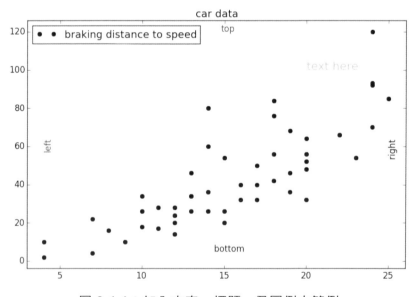

圖 6.4.1：加入文字、標題、及圖例之範例

在上圖中,圖例之名稱就是 plot() 指令內參數 label 所設定的文字。事實上,圖例名稱也可以在 legend() 指令中設定,但如果圖形有兩條線 (兩種符號標記) 以上,則每條線必須有各自的線名稱,如此才能針對每一條線設定圖例名稱。除此之外,上圖中的圖例標記出現兩次,我們可以使用參數 numpoints 設定只出現一次。底下的指令以不同的方式將上圖之圖例再畫一次 (如圖 6.4.2):

```
>>> plt.figure('6.4.2', 'legend', figsize = (4.5,3.3))
>>> marker1 = plt.plot(speed, dist, 'bo')
>>> plt.title('car data')
>>> plt.legend(['braking distance to speed'], loc = 0,
        numpoints = 1)
>>> plt.margins(0.05, 0.05)
>>> plt.show()
```

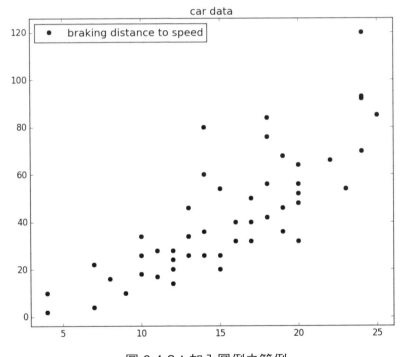

圖 6.4.2:加入圖例之範例

　　legend 放置的位置,是由參數 loc 來設定,設定時可以使用位置名稱或位置代碼如表 6.4.1 所示。

表 6.4.1：Legend loc 參數的位置名稱及代碼

位置名稱	位置代碼
'best'	0
'upper right'	1
'upper left'	2
'lower left'	3
'lower right'	4
'right'	5
'center left'	6
'center right'	7
'lower center'	8
'upper center'	9
'center'	10

常常我們需要加入圖形的說明或註解文字，也可能需要加入一些數學符號或是希臘字母 (比方說方程式)。這時我們可以使用 matplotlib 內建的 TeX 標記符號與字型，以 TeX 語法 r'$...$'，將 TeX 標記符號置入兩個 $$ 之間在任一 Text 物件中加入數學符號。底下列出使用 plt.text() 指令與 TeX 語法在圖形中輸入文字的幾種情形 (如圖 6.4.3)：

```
>>> plt.figure('6.4.3', figsize = (12, 12))
>>> plt.xlim(0, 6)
>>> plt.ylim(0, 6)

>>> plt.text(2, 1, r'$\alpha > \beta$', fontsize = 20)
# 加入文字 $\alpha > \beta$

>>> plt.text(2, 2, r'$\alpha_i < \beta_i$', fontsize = 20)
# 加入文字 $\alpha_i < \beta_i$，指令中位在符號 _ 後面的字元以下標輸出

>>> plt.text(2, 3, r'$x^2+y^3$', fontsize = 20)
```

加入文字 $x^2 + y^3$，指令中位在符號 ^ 後面的字元以上標輸出

```
>>> plt.text(2, 4, r'$\frac{2}{5x}$', fontsize = 20)
```
加入文字 $\dfrac{2}{5x}$

```
>>> plt.text(2, 5, r'$\binom{3}{6}$', fontsize = 20)
```
加入文字 $\dbinom{3}{6}$

```
>>> plt.show()
```

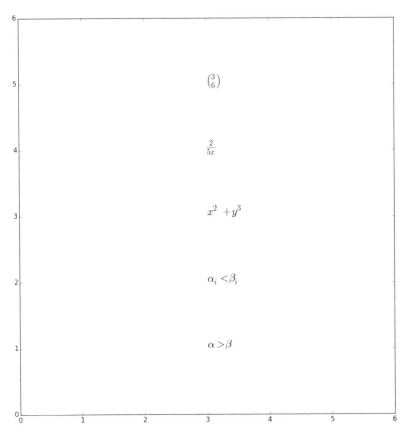

圖 6.4.3：數學符號之範例一

假設我們想在一張已有之圖形中的某一位置加入以下的方程式：

$$\chi^2 = 4.4,\ x_3 = 5.5,\ y_3^2 = 8.8,\ \hat{y} \pm z,\ f(x) = \frac{1}{\sigma\sqrt{2\pi}}e^{\frac{-(x-\mu)^2}{2\sigma^2}}.$$

此時可以使用下列的指令 (如圖 6.4.4 之左圖)：

```
>>> plt.figure('6.4.4.left', figsize = (12,12))
>>> plt.plot(range(10), range(10), 'wo')
>>> plt.text(1, 8, r'$\chi^2= 4.4$', fontsize = 20)
>>> plt.text(1, 7, r'$x^3 = 5.5$', fontsize = 20)
>>> plt.text(1, 6, r'$y_3^2 = 8.8$', fontsize = 20)
>>> plt.text(7, 5, r'$\hat y \pm z$', fontsize = 20)
>>> plt.text(5, 2, r'$f(x)=\frac{1}{\sigma\sqrt{2\pi}}e^\
        frac{-(x-\mu)^2}{2\sigma^2}$', fontsize = 20)
>>> plt.margins(0.05,0.05)
>>> plt.show()
```

假設我們想繪出餘弦函數 cosine 之圖形並標記適當的座標及文字，則可以使用下列的指令 (如圖 6.4.4 之右圖)：

```
>>> x = np.arange(-4, 4, 0.01)
>>> plt.figure('6.4.4.right', figsize = (12,12))
>>> plt.plot(x, np.cos(x), '-')
>>> plt.xlabel(r'$phase \/ angle \/ \phi$', fontsize = 20)
>>> plt.ylabel(r'$\cos(\phi)$', fontsize = 20)
>>> plt.xticks((-np.pi, -np.pi/2, 0, np.pi/2, np.pi),
        (r'$-\pi$', r'$-2/\pi$', '0', r'$2/\pi$', r'$\pi$'))
>>> plt.yticks((-1.0, -0.5, 0.0, 0.5, 1.0))
>>> plt.margins(0.05, 0.05)
>>> plt.show()
```

上面第四行指令中的 \/ 符號是代表在此處插入一個空格。

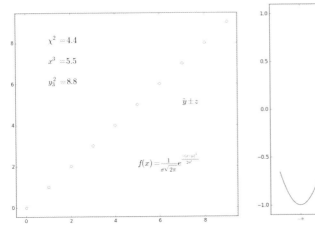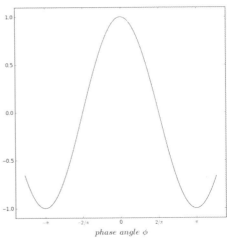

圖 6.4.4：數學符號之範例二

在 TeX 中常用的數學符號及希臘文字如表 6.4.2 與表 6.4.3 所示，標準函數名稱則如表 6.4.4 所示。

表 6.4.2：數學符號

$\bar{a}$ \bar a	$\times$ \times	∂ \partial
$\dot{a}$ \dot a or \.a	$\div$ \div	$\int$ \int
$\hat{a}$ \hat a or \^a	$\pm$ \pm	$\oint$ \oint
$\tilde{a}$ \tilde a or \~a	$\neq$ \neq	$\prod$ \prod
$\vec{a}$ \vec a	$\leq$ \leq	$\sum$ \sum
$\overline{abc}$ \overline{abc}	$\geq$ \geq	∞ \infty

表 6.4.3：希臘字

α \alpha	β \beta	χ \chi	δ \delta
F \digamma	ϵ \epsilon	η \eta	γ \gamma
ι \iota	κ \kappa	λ \lambda	μ \mu
ν \nu	ω \omega	ϕ \phi	π \pi
ψ \psi	ρ \rho	σ \sigma	τ \tau
θ \theta	υ \upsilon	ε \varepsilon	$\varkappa$ \varkappa
φ \varphi	ϖ \varpi	ϱ \varrho	ς \varsigma
ϑ \vartheta	ξ \xi	ζ \zeta	Δ \Delta
Γ \Gamma	Λ \Lambda	Ω \Omega	Φ \Phi
Π \Pi	Ψ \Psi	Σ \Sigma	Θ \Theta
Υ \Upsilon	Ξ \Xi	$\mho$ \mho	∇ \nabla

表 6.4.4：標準函數名稱

Pr \Pr	arccos \arccos	arcsin \arcsin	arctan \arctan
arg \arg	cos \cos	cosh \cosh	cot \cot
coth \coth	csc \csc	deg \deg	det \det
dim \dim	exp \exp	gcd \gcd	hom \hom
inf \inf	ker \ker	lg \lg	lim \lim
liminf \liminf	limsup \limsup	ln \ln	log \log
max \max	min \min	sec \sec	sin \sin
sinh \sinh	sup \sup	tan \tan	tanh \tanh

要了解更多的 TeX 符號語法可參訪下列網頁：

http://matplotlib.org/users/mathtext.html

6.5 多張圖形

常常為了比較起見，我們需要將幾張圖畫在一起，這時我們可以使用 subplot(nrows, ncols, plot_number) 指令。這個指令是設定有 nrows 列 ncols 行的子圖排列，plot_number 則指定要在第幾張子圖畫圖，最多能畫出 nrows×ncols 張子圖，子圖的編號是先依列再依行並從1開始計數。當 nrows, ncols 和 plot_number 這三個數字都小於 10 時，則指令中的逗號可以省略，也就是 subplot(2, 1, 1) 和 subplot(2 1 1) 的意思是一樣的，都表示要在 2 列 1 行子圖排列的第 1 張子圖上畫圖。

我們以 cars.txt 資料畫出四張子圖 (如圖 6.5.1)，比較標記符號、座標軸標記數字、座標軸標題文字與圖形標題之變化情形。

```
>>> plt.figure('subplot_1', figsize = (10,10))

>>> plt.subplot(2, 2, 1)
>>> plt.plot(speed, dist, 'wo', markersize = 15)
>>> plt.title('cars data')
>>> plt.xlabel('speed')
>>> plt.ylabel('dist')
>>> plt.margins(0.05, 0.05)

>>> plt.subplot(222)
>>> plt.plot(speed, dist, 'wo')
>>> plt.title('cars data')
>>> plt.xlabel('speed')
>>> plt.ylabel('dist')
>>> plt.xticks(fontsize = 15)
>>> plt.yticks(fontsize = 15)
>>> plt.margins(0.05, 0.05)

>>> plt.subplot(2, 2, 3)
>>> plt.plot(speed, dist, 'wo')
>>> plt.title('cars data')
>>> plt.xlabel('speed', fontsize = 15)
>>> plt.ylabel('dist', fontsize = 15)
>>> plt.margins(0.05, 0.05)
```

```
>>> plt.subplot(224)
>>> plt.plot(speed, dist, 'wo')
>>> plt.title('cars data', fontsize = 20)
>>> plt.xlabel('speed')
>>> plt.ylabel('dist')
>>> plt.margins(0.05, 0.05)

>>> plt.show()
```

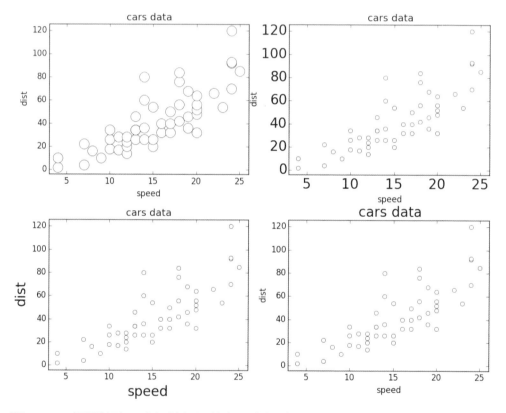

圖 6.5.1：標記符號、座標軸標記數字、座標軸標題文字與圖形標題效果之範例

上圖中，左上圖是 subplot(2, 2, 1) 標記符號加大，右上圖是 subplot(2 2 2) 座標軸標記數字加大，左下圖是 subplot(2, 2, 3) 座標軸標題文字加大，右下圖是 subplot(2 2 4) 圖形標題加大。

接著我們一樣以 cars.txt 資料畫出四張子圖 (如圖 6.5.2)，比較座標軸標記數字或文字之展現方式。

```
>>> plt.figure('subplot_2', figsize = (10,10))

>>> plt.subplot(221)
>>> plt.plot(speed, dist, 'wo')
>>> plt.title('cars data')
>>> plt.xlabel('speed')
>>> plt.ylabel('dist')
>>> plt.margins(0.05, 0.05)

>>> plt.subplot(222)
>>> plt.plot(speed, dist, 'wo')
>>> plt.title('cars data')
>>> plt.xlabel('speed')
>>> plt.ylabel('dist')
>>> plt.yticks(rotation = 90)
>>> plt.margins(0.05, 0.05)

>>> plt.subplot(223)
>>> plt.plot(speed, dist, 'wo')
>>> plt.title('cars data')
>>> plt.xlabel('speed')
>>> plt.ylabel('dist')
>>> plt.xticks(rotation = 90)
>>> plt.margins(0.05, 0.05)

>>> plt.subplot(224)
>>> plt.plot(speed, dist, 'wo')
>>> plt.title('cars data')
>>> plt.xlabel('speed')
>>> plt.ylabel('dist')
>>> plt.xticks(rotation = 45)
>>> plt.yticks(rotation = 45)
>>> plt.margins(0.05, 0.05)

>>> plt.show()
```

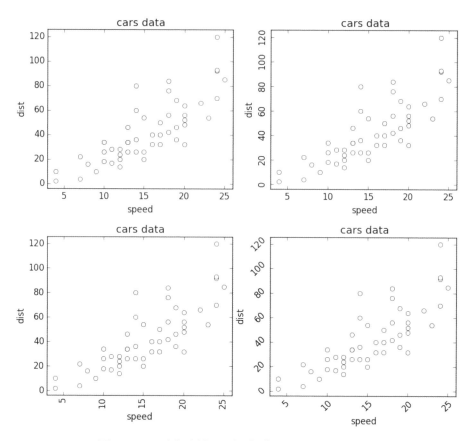

圖 6.5.2：座標軸標記數字或文字之展現方式

在圖 6.5.2 中，座標軸標記數字在 subplot(2 2 1) x 軸和 y 軸都是水平方向呈現，在 subplot(2 2 2) x 軸是水平方式 y 軸是垂直方向，在 subplot(2 2 3) x 軸是垂直方向 y 軸是水平方向，在 subplot(2 2 4) x 軸和 y 軸都是45°角方向呈現。

利用 subplot(nrows, ncols, plot_number) 指令畫出 nrows×ncols 張子圖，每一張子圖都一樣大，如果想要在一張圖形上畫出多張大小不一樣的子圖，要如何做呢？這時候就要使用 subplot2grid(shape, loc, rowspan = 1, colspan = 1) 指令。比方說 (如圖 6.5.3)：

```
>>> plt.figure('subplot_3', figsize = (10,10))

>>> plt.subplot2grid((6, 2), (0, 0), rowspan = 2, colspan = 2)
```

```
>>> plt.plot(speed, dist, 'wo')
>>> plt.title('cars data')
>>> plt.xlabel('speed')
>>> plt.ylabel('dist')
>>> plt.margins(0.05, 0.05)

>>> plt.subplot2grid((6, 2), (3, 0), rowspan = 3, colspan = 1)
>>> plt.plot(speed, dist, 'wo')
>>> plt.title('cars data')
>>> plt.xlabel('speed')
>>> plt.ylabel('dist')
>>> plt.yticks(rotation = 90)
>>> plt.margins(0.05, 0.05)

>>> plt.subplot2grid((6, 2), (3, 1), rowspan = 3, colspan = 1)
>>> plt.plot(speed, dist, 'wo')
>>> plt.title('cars data')
>>> plt.xlabel('speed')
>>> plt.ylabel('dist')
>>> plt.xticks(rotation = 90)
>>> plt.margins(0.05, 0.05)

>>> plt.show()
```

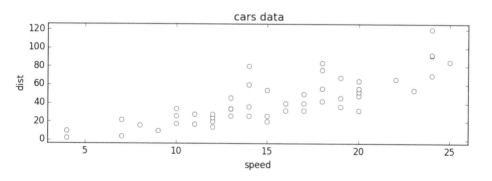

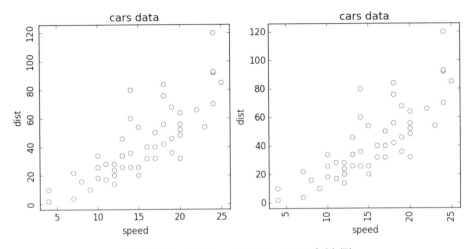

圖 6.5.3：使用 subplot2grid() 之範例一

在圖 6.5.3 的指令中，參數 shape 值是 (6, 2)，表示在這張圖形上設定 6 列 2 行的子圖網格配置，所以這 12 個格網的座標位置就是從 (0, 0), (0, 1), (1, 0), (1, 1), ..., (5, 0) 到 (5, 1)，() 內第一個數字代表列號第二個數字代表行號；參數 loc 值就是這一些座標之一，表示要在 loc 這個網格位置畫圖；參數 rowspan 表示在列方向要擴展的網格數目 (預設值為1)，參數 colspan 表示在行方向要擴展的網格數目 (預設值為1)。上圖的網格座標是 (0, 0), 列方向擴展 2 列 rowspan = 2, 行方向擴展 2 行 colspan = 2；左下圖的網格座標是 (3, 0), 列方向擴展 3 列 rowspan = 3, 行方向擴展 1 行 colspan = 1；右下圖的網格座標是 (3, 1), 列方向擴展 3 列 rowspan = 3, 行方向擴展 1 行 colspan = 1。

最後再來看一個例子 (如圖 6.5.4)：

```
>>> plt.figure('subplot_4', figsize = (10,10))

>>> plt.subplot2grid((6, 3), (0, 0), rowspan = 2, colspan = 2)
>>> plt.plot(speed, dist, 'wo')
>>> plt.title('cars data')
>>> plt.xlabel('speed')
>>> plt.ylabel('dist')
>>> plt.margins(0.05, 0.05)
```

```
>>> plt.subplot2grid((6, 3), (3, 0), rowspan = 3, colspan = 2)
>>> plt.plot(speed, dist, 'wo')
>>> plt.title('cars data')
>>> plt.xlabel('speed')
>>> plt.ylabel('dist')
>>> plt.yticks(rotation = 90)
>>> plt.margins(0.05, 0.05)

>>> plt.subplot2grid((6, 3), (3, 2), rowspan = 3, colspan = 1)
>>> plt.plot(speed, dist, 'wo')
>>> plt.title('cars data')
>>> plt.xlabel('speed')
>>> plt.ylabel('dist')
>>> plt.xticks(rotation = 90)
>>> plt.margins(0.05, 0.05)

>>> plt.show()
```

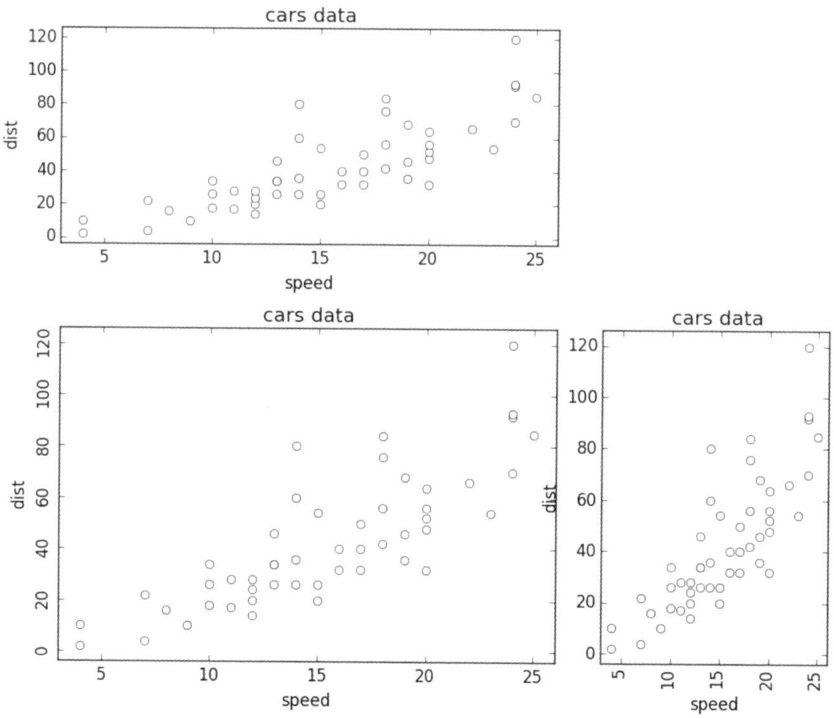

圖 6.5.4：使用 subplot2grid() 之範例二

請讀者試著解讀一下圖 6.5.4 指令所表達的意思。

6.6 加入圖形元件

我們常需要在原圖形中加入一些點、線、線段、箭頭、符號和一些幾何圖形。除了前面介紹過指令的 linestyle 與 marker 參數之外，還有下列幾個指令可供應用。

▶ axhline()　　畫一條水平線

▶ axvline()　　畫一條垂直線

▶ axhspan()　　畫一條水平跨距

▶ axvspan()　　畫一條垂直跨距

▶ arrow()　　　畫一個箭頭

▶ Circle()　　　畫一個圓形

▶ Rectangle()　畫一個矩形

▶ Polygon()　　畫一個多邊形

除此之外，annotate() 指令也可以加入箭頭，本節也對這一個指令做進一步的應用介紹。

舉個簡單的例子 (如圖 6.6.1)：

```
>>> import numpy as np
>>> import matplotlib.pyplot as plt

>>> plt.figure('6.6.1')
>>> plt.axis([0, 10, 0, 10])
>>> plt.plot([1,2], [8,9], 'y-', linewidth = 2)
>>> plt.plot([2,10], [0,8], '-', linewidth = 3, color = 'gold')
>>> plt.plot([2,3], [6,7], '-o', linewidth = 4, color = 'Violet',
        markerfacecolor='green', markeredgecolor = 'gold',
        markersize = 12)
```

```
>>> plt.plot([2,3], [5,4], '-^', linewidth = 4, color = 'SandyBrown',
        markerfacecolor = 'green', markeredgecolor = 'gold',
        markersize = 12)

>>> plt.axhline(y = 1, linewidth = 1, linestyle = '-', color
        = 'red')
>>> plt.axhline(y = 2, linewidth = 2, linestyle = '--', color
        = 'blue')
>>> plt.axhline(y = 3, linewidth = 3, linestyle = '-.', color
        = 'green')
>>> plt.axvline(x = 6, linewidth = 1, linestyle = '-', color
        = 'red')
>>> plt.axvline(x = 7, linewidth = 2, linestyle = '--', color
        = 'blue')
>>> plt.axvline(x = 8, linewidth = 3, linestyle = '-.', color
        = 'green')
>>> plt.axvspan(9, 9.5, color = 'wheat')
>>> plt.axhspan(0.2, 0.7, color = 'maroon')
>>> plt.arrow(1, 7, 0, -1, linewidth = 3,  head_width = 0.5,
        head_length = 0.5, color = 'pink')
>>> plt.arrow(2, 8, 1, 1, linewidth = 3,  head_width = 0.3,
        head_length = 0.3, fc = 'red', ec = 'purple')

>>> plt.annotate('arrowstyle', xy = (5, 8), xytext = (-50, 50),
        textcoords = 'offset points', arrowprops =
        dict(arrowstyle = "->"))
>>> plt.annotate('arc', xy = (5, 6), xytext = (-50, 30),
        textcoords = 'offset points', arrowprops =
        dict(arrowstyle = "->", connectionstyle = "arc,
        angleA = 0, armA = 30,rad = 10"))
>>> plt.annotate('angle', xy = (5, 5), xytext = (-50, -50),
        textcoords = 'offset points', bbox = dict(boxstyle =
        "round", fc = "0.8"), arrowprops=dict(arrowstyle = "->",
        connectionstyle = "angle, angleA = 0, angleB = 90,
        rad = 10"))
>>> plt.show()
```

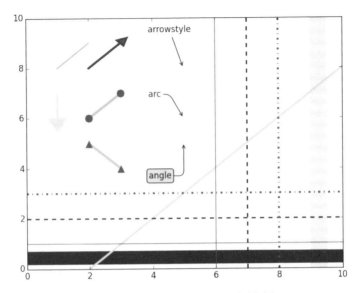

圖 6.6.1：加入圖形元件之範例

接著，我們就用 Circle()，Rectangle() 和 Polygon() 這三個指令來製作一個不是很高明的臉譜 (見笑了) (如圖 6.6.2)：

```
>>> plt.figure('6.6.2')
>>> plt.axis([0, 10, 0, 10])

>>> circle1 = plt.Circle((5,5), 4.5, color = 'blue',
        fill = False, linewidth = 2.0)
>>> circle2 = plt.Circle((3.5, 6.5), 0.5, color = 'blue')
>>> circle3 = plt.Circle((7, 6.5), 0.5, color = 'blue')

>>> rectangle1 = plt.Rectangle((2.5,7.5), 1.5, 0.5, facecolor
        = 'white', edgecolor = 'black', linewidth = 2.0)
>>> rectangle2 = plt.Rectangle((6.5,7.5), 1.5, 0.5, facecolor
        = 'white', edgecolor = 'black', linewidth = 2.0)
>>> rectangle3 = plt.Rectangle((5,4.5), 0.5, 2, facecolor
        = 'gold', edgecolor = 'violet', linewidth = 2.0)
>>> rectangle4 = plt.Rectangle((4.5,1.5), 1.5, 1.5,
        color = 'red', linewidth=2.0)

>>> polygon1 = plt.Polygon([[4, 3.5],[3.5,3.5],[2.5,2.5]],
        facecolor = 'orange', edgecolor='black')
```

```
>>> polygon2 = plt.Polygon([[6.5, 3.5],[7,3.5],[8,2.5]],
        facecolor = 'orange', edgecolor = 'black')

>>> fig = plt.gcf()
>>> fig.gca().add_artist(circle1)
>>> fig.gca().add_artist(circle2)
>>> fig.gca().add_artist(circle3)
>>> fig.gca().add_artist(rectangle1)
>>> fig.gca().add_artist(rectangle2)
>>> fig.gca().add_artist(rectangle3)
>>> fig.gca().add_artist(rectangle4)
>>> fig.gca().add_artist(polygon1)
>>> fig.gca().add_artist(polygon2)

>>> plt.show()
```

由於 Circle，Rectangle 和 Polygon 是 Artist 的一個子類別，所以必須透過 gcf()
和 gca().add_artist() 指令將這一些圖形物件繪製到圖中，才能使用 plt.show()
指令顯示出來。

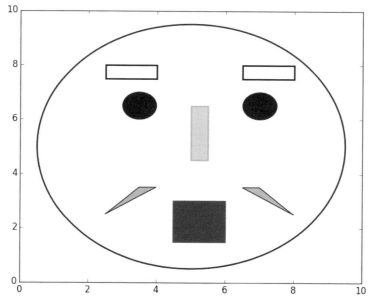

圖 6.6.2：加入幾何圖形元件之範例

為了比較起見我們常要將好幾個圖形 (比方說點或線段) 畫在同一張圖上。事實上，使用 plot() 指令就可以完成這項工作。

我們從 iris.txt 文字檔中載入對鳶尾花 (或蝴蝶花) 的一些量測數據。此數據總共有 5 行，我們將第一行的數據定義為 x，第二行至第四行的數據分別定義為 y1, y2, y3。現在我們想觀察 y1 ~ x, y2 ~ x, y3 ~ x 之資料分佈之差異，可以使用下列的指令 (如圖 6.6.3 之左圖)：

```
>>> import numpy as np
>>> import matplotlib.pyplot as plt
>>> import os
>>> mywd = "D:\Practical-Python-Programming\Python-Data-Sets"
>>> os.chdir(mywd)

>>> iris = np.loadtxt('iris.txt', usecols = [0,1,2,3])
>>> x = iris[:, 0]
>>> y1 = iris[:, 1]
>>> y2 = iris[:, 2]
>>> y3 = iris[:, 3]
>>> plt.figure('mutline', figsize = (5,5))
>>> plt.plot(x, y1, 'gv', label = 'y1')
>>> plt.plot(x, y2, 'ro', label = 'y2')
>>> plt.plot(x, y3, 'bs', label = 'y3')
>>> plt.xlabel('x')
>>> plt.legend(loc = 0, numpoints = 1)
>>> plt.margins(0.05, 0.05)
>>> plt.show()
```

若要將圖標例橫著列出，只要在 legend() 中設定參數 ncol 為欲顯示項目之個數即可。就上面的例子 (左圖) 來說，我們可以使用下列的指令：

```
>>> plt.legend(loc = 0, numpoints = 1, ncol = 3)
```

若要取消圖例之外框，只要在 legend() 之參數中加入 frameon = False 即可。就上面的例子 (左圖) 來說，我們可以使用下列的指令：

```
>>> plt.legend(loc = 0, numpoints = 1, frameon = False)
```

我們也可以使用 scatter() 指令 (如圖 6.6.3 之右圖)：

```
>>> plt.figure('mutline_2', figsize = (5,5))
>>> marker1 = plt.scatter(x, y1, s = 30, c = 'red', marker
        = 'D')
>>> marker2 = plt.scatter(x, y2, s = 30, c = 'green', marker
        = '1')
>>> marker3 = plt.scatter(x, y3, s = 30, c = 'blue', marker
        = 'x')
>>> plt.xlabel('x')
>>> plt.legend((marker1, marker2, marker3), ('y1', 'y2', 'y3'),
        loc = 2)
>>> plt.margins(0.05, 0.05)
>>> plt.show()
```

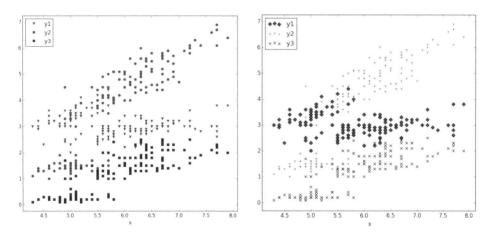

圖 6.6.3：不同資料同時呈現於一張圖

假設我們想繪出下列三個函數之圖形並放在同一張圖上做比較，

$$y_1 = f_1(x) = \sin(x), \ y_2 = f_2(x) = \cos(x), \ y_3 = f_3(x) = \sin(x) + \cos(x).$$

當然我們也可以用前面學過的方法一個接一個地將圖形附加上去。但我們現在只使用一個 plot() 指令將三條線繪出來。我們所使用的指令如下 (如圖 6.6.4)：

```
>>> x = np.linspace(-np.pi, np.pi, 101)
>>> y1 = np.sin(x)
>>> y2 = np.cos(x)
>>> y3 = np.sin(x)+np.cos(x)
>>> plt.figure("triangle function", figsize = (4.5,3.3))
>>> plt.plot(x, y1, "r-", x, y2, 'g--', x, y3, "b--")
>>> plt.xlabel('x')
>>> plt.xticks((-np.pi, -np.pi/2, 0, np.pi/2, np.pi),
        (r'$-\pi$', r'$-\pi/2$', '0', r'$\pi/2$', r'$\pi$'))
>>> plt.yticks((-1.5, -1.0, -0.5, 0.0, 0.5, 1.0, 1.5))
>>> plt.margins(0.05, 0.05)
>>> plt.legend(('y1', 'y2', 'y3'), loc = 2)
>>> plt.show()
```

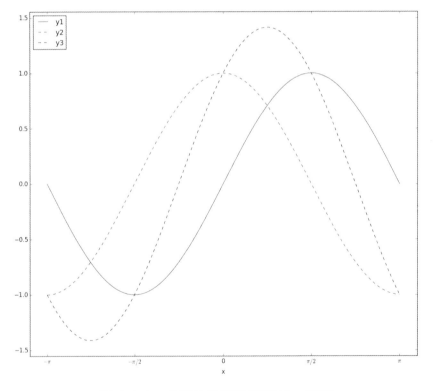

圖 6.6.4：多個函數同時呈現於一張圖

6.7 數學函數繪圖

若我們知道一個函數的公式，也可以使用 plot() 指令輕易地畫出此函數的圖形。比方說，

$$f(x) = 0.01 \cdot x^3 \cos(x) - 0.2 \cdot x^2 \sin(x) + 0.05 \cdot x - 1.$$

我們可以使用下列的簡單指令來建構此函數，並繪出此函數的圖形 (如圖6.7.1)：

```
>>> import numpy as np
>>> import matplotlib.pyplot as plt

>>> def f(x):
        y = 0.01 * x**3 * np.cos(x) - 0.2 * x**2 * np.sin(x) +
            0.05*x - 1
        return y

>>> a = np.linspace(-10, 10, 101)
>>> plt.figure('6.7.1')
>>> plt.plot(a, f(a), 'k-')
>>> plt.xlabel('x')
>>> plt.ylabel('f(x)')
>>> plt.show()
```

上面指令的意思是繪出 $[-10, 10]$ 之間函數的圖形。有關自訂函數的建構在第五章已有詳盡的描述。

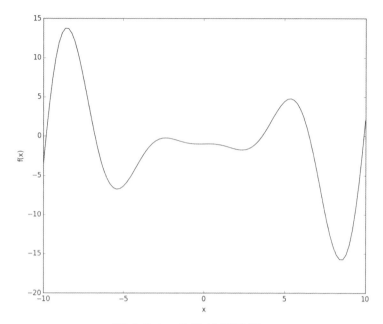

圖 6.7.1：函數繪圖範例一

若現在有另一個函數，

$$g(x) = 10 \cdot \cos(x) \cdot \sin(x).$$

想要將 g 函數之圖形與原來 f 函數之圖形畫在一起，則只要分別定義 f 和 g 函數就可以使用前面介紹過的方法完成，如下列的指令 (如圖 6.7.2)：

```
>>> f = lambda x: 0.01*x**3*np.cos(x) - 0.2*x**2*np.sin(x) +
    0.05*x - 1
>>> g = lambda x: 10*np.cos(x) * np.sin(x)

>>> a = np.linspace(-10, 10, 101)
>>> plt.figure('6.7.2')
>>> plt.plot(a, f(a), 'r-', a, g(a), 'b--')
>>> plt.xlabel('x')
>>> plt.legend(('f', 'g'))
>>> plt.margins(0.05, 0.05)
>>> plt.show()
```

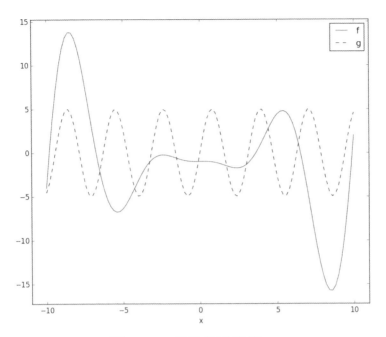

圖 6.7.2：函數繪圖範例二

有時候畫圖時，我們想要以曲線的方式畫出填滿顏色的區塊，此時可以使用 fill() 指令 (如圖 6.7.3)：

```
>>> f = lambda x: 0.01*x**3*np.cos(x) - 0.2*x**2*np.sin(x) +
        0.05*x - 1

>>> a = np.linspace(-10, 10, 101)
>>> plt.figure('6.7.3')
>>> plt.fill(a, f(a), 'r')
>>> plt.show()
```

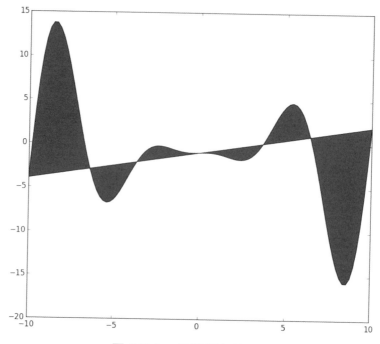

圖 6.7.3：填滿顏色範例一

　　如果想要在兩條曲線之間填滿顏色，則可以使用 fill_between() 指令，例如以藍色畫出 f 和 g 函數相交的區域 (如圖 6.7.4 之左圖)：

```
>>> f = lambda x: 0.01*x**3*np.cos(x) - 0.2*x**2*np.sin(x) +
        0.05*x - 1
>>> g = lambda x: 10 * np.cos(x) * np.sin(x)

>>> a = np.linspace(-10, 10, 101)
>>> y1 = f(a)
>>> y2 = g(a)
>>> plt.figure('6.7.4.left')
>>> plt.fill_between(a, y1, y2)
>>> plt.show()
```

分別以紅色和綠色畫出 $f > g$ 與 $f < g$ 的區域 (如圖 6.7.4 之右圖)：

```
>>> plt.figure('6.7.4.right')
>>> plt.fill_between(a, y1, y2, where = y2 >= y1,
        facecolor = 'green', interpolate = True)
>>> plt.fill_between(a, y1, y2, where = y2 <= y1,
        facecolor = 'red', interpolate = True)
>>> plt.show()
```

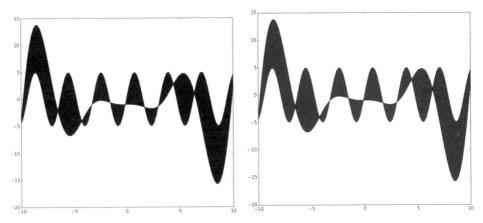

圖 6.7.4：填滿顏色範例二

6.8 其他常用圖形

本節介紹如何繪製盒鬚圖 (boxplot)、直方圖 (histogram)、等高線圖 (contour) 與速度向量場圖。

首先介紹盒鬚圖與直條圖，我們以鳶尾花 (iris.txt) 的這個資料集的第一行量測數據 x 為例來說明。先來看看 x 的盒鬚圖 (box plot) (如圖 6.8.1)：

```
>>> import numpy as np
>>> import matplotlib.pyplot as plt

>>> import os
>>> mywd = "D:\Practical-Python-Programming\Python-Data-Sets"
>>> os.chdir(mywd)
```

```
>>> x = np.loadtxt('iris.txt', usecols = [0])

>>> plt.subplot(121)
>>> plt.boxplot(x)
>>> plt.subplot(122)
>>> plt.boxplot(x, vert = False)
>>> plt.show()
```

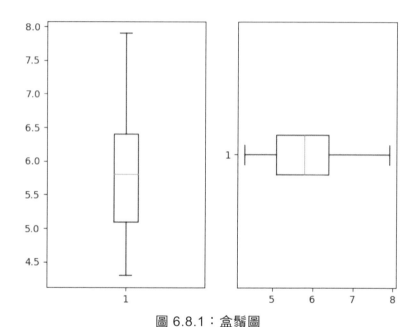

圖 6.8.1：盒鬚圖

　　在上面左圖 (右圖) 長方盒部份，由下而上 (由左而右) 的三條線分別代表
第一四分位數、第二四分位數或稱中位數、第三四分位數。若這個長方盒較
小，則大部份資料較集中於中心點附近。在鬚鬚部份，最上面的那條線大約是
最大值或是第三四分位數往上 1.5 倍四分位 (數間) 距之值；最下面的那條線亦
同。若有某個資料點落在最下面或是最上面的線外面，則此資料點將可能視為
離群值 (outlier)。在目前所考慮的資料並無離群值。由於上面 (或右邊) 鬚鬚比
下面 (或左邊) 來得長許多，因此此資料之分佈是向右偏斜 (skewed to the
right)，即資料分佈之長尾巴是在右邊。

接下來看看 x 的直方圖 (histogram) (如圖 6.8.2)：

```
>>> plt.hist(x)
>>> plt.show()
```

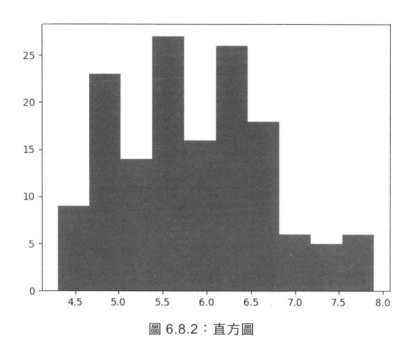

圖 6.8.2：直方圖

對於等高線圖的繪製，我們可以使用 contour() 與 clabel() 兩個指令，contour() 主要是繪製等高線，clabel() 則是對 contour() 所繪製出來的等高線做數值大小的標記。例如 (如圖 6.8.3)：

```
>>> x = np.linspace(-10, 10, 51)
>>> y = np.linspace(-10, 10, 41)
>>> X,Y = np.meshgrid(x, y)
>>> a = 10*(np.exp(-((X + 3)**2 + (Y + 3)**2) / 10)
        - np.exp(-((X - 3)**2 + (Y-3)**2) / 10))
>>> plt.figure('contour_1')
>>> c = plt.contour(x, y, a)
>>> plt.clabel(c)
>>> plt.xlabel('x')
```

```
>>> plt.ylabel('y')
>>> plt.show()
```

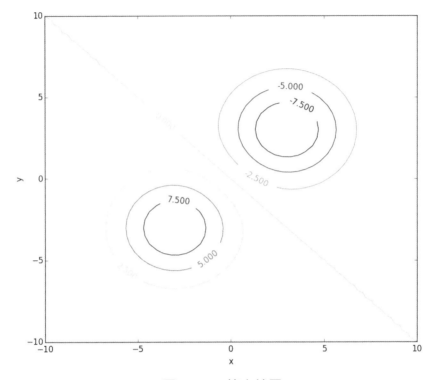

圖 6.8.3：等高線圖

若我們要特別顯示某些特定的等值線 (等高線)，可以使用下列的指令 (如圖 6.8.4)：

```
>>> v = [-8, -6, -4, -2 ,0 , 2, 4, 6, 8]
>>> plt.figure('contour_2')
>>> c = plt.contour(x, y, a, v)
>>> plt.clabel(c)
>>> plt.xlabel('x')
>>> plt.ylabel('y')
>>> plt.show()
```

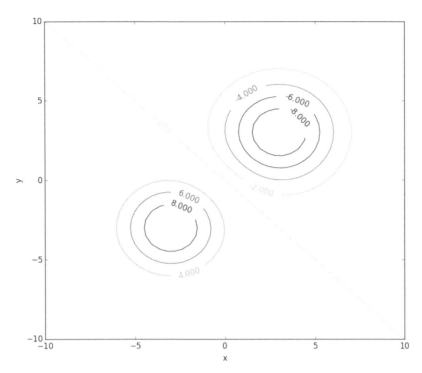

圖 6.8.4：等高線圖 (特定的等值線)

我們也可使用 contourf() 繪圖函數在等高線之間填滿顏色。讓指令自動產生等高線 (如圖 6.8.5 之左圖)：

```
>>> plt.figure('contour_3_left')
>>> c = plt.contour(x, y ,a)
>>> plt.clabel(c, colors = 'black')
>>> d = plt.contourf(x, y, a)
>>> plt.colorbar(d, orientation = 'vertical')
>>> plt.xlabel('x')
>>> plt.ylabel('y')
>>> plt.show()
```

自行設定等高線的指令如下 (如圖 6.8.5 之右圖)：

```
>>> v = [-8, -6, -4, -2 ,0 , 2, 4, 6, 8]
>>> plt.figure('contour_3_right')
```

```
>>> c = plt.contour(x, y, a, v)
>>> plt.clabel(c, colors = 'black')
>>> d = plt.contourf(x, y, a, v)
>>> plt.colorbar(d, orientation = 'vertical')
>>> plt.xlabel('x')
>>> plt.ylabel('y')
>>> plt.show()
```

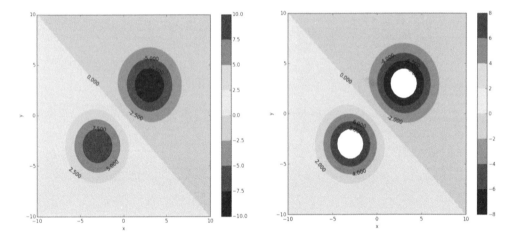

圖 6.8.5：等高線圖

接下來，介紹速度向量場圖繪製，主要使用 quiver() 指令 (如圖 6.8.6)：

```
>>> x = np.linspace(0, 10, 21)
>>> y = np.linspace(0, 10, 21)
>>> X,Y = np.meshgrid(x, y)
>>> u = 10 * np.sin(X)
>>> v = 10 * np.sin(Y)
>>> plt.figure('vector field')
>>> q = plt.quiver(X, Y, u, v, angles = 'xy')
>>> plt.quiverkey(q, 1, 10.5, 10, "10 m/s", coordinates =
        'data')
>>> xl = plt.xlabel('x (km) ')
>>> yl = plt.ylabel('y (km) ')
>>> plt.show()
```

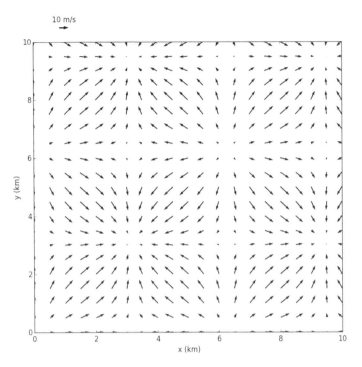

圖 6.8.6：速度向量場圖

6.9 習題

【習題 6.9.1】令 $B(x; r)$ 是代表以 x 為圓心，r 為半徑的圓(實心圓)。試繪出下列集合之聯集 (union)：

$$B(5; 0) \bigcup B(3; 0) \bigcup B(1; 1) \bigcup B(2; 7).$$

請以灰階區分不同的圓。

【習題 6.9.2】定義如下之函數：

$$f(x) = \cos(x),\ g(x) = \sin(x),\ h(x) = \cos(x)\sin(-x).$$

請繪出 f, g, h 的圖形於同一張圖上。

【習題 6.9.3】請繪出如下之圖形 (圖 6.9.1)，其中

$$z_1 = -1.65,\ z_2 = 1.65,\ f(x) = \frac{1}{\sqrt{2\pi}} e^{\frac{-x^2}{2}}.$$

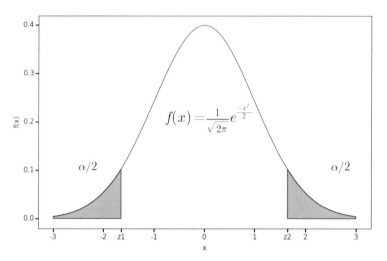

圖 6.9.1：習題 6.9.3 之圖形

【習題 6.9.4】從 cars.txt 文字檔中載入資料，第一行資料指定給代表車子速率的變數 speed (橫軸, x)，第二行資料指定給代表車子煞車距離的變數 dist (縱軸, y)。線性 (linear)、二次 (quadratic)、及三次 (cubic) 多項式之最小平方回歸線分別為：

$$
\begin{aligned}
f_1(x) &= -17.5791 + 3.9324x, \\
f_2(x) &= 2.47014 + 0.91329x + 0.09996x^2, \\
f_3(x) &= -19.50505 + 6.801111x - 0.34966x^2 + 0.01025x^3.
\end{aligned}
$$

試繪出此資料及三條回歸線，如下圖 (圖 6.9.2)：

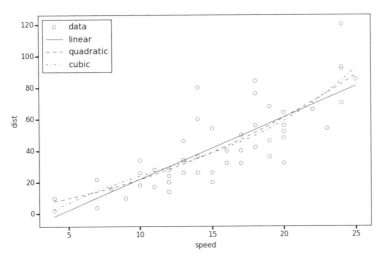

圖 6.9.2：習題 6.9.4 之圖形

【習題 6.9.5】考慮 iris.txt 文字檔中的資料，是一些對鳶尾花 (或蝴蝶花) 的一些量測數據，其中第一個變量 Sepal.Length 為花萼長度 (橫軸, x)，第二個變量 Sepal.Width 為花萼寬度 (縱軸, y)，第五個變量 Species 為品種 (共有三種)。試依不同品種繪出花萼長度及花萼寬度的資料，如下圖 (圖 6.9.3)：

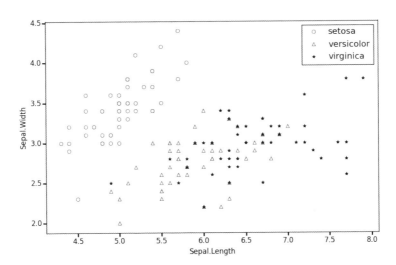

圖 6.9.3：習題 6.9.5 之圖形

【習題 6.9.6】考慮 iris.txt 文字檔中的資料。令此資料集之前 4 行為 x1, x2, x3, x4，第 5 行為品種 (共有三種)。試依不同品種繪出 x1-x2, x2-x3, x3-x4, x4-x1 的資料圖形 (請畫為 2×2 的矩陣)。

【習題 6.9.7】考慮 Orange.txt 文字檔中的資料。這是一個柳橙樹的生長數據，其中第 1 行是柳橙樹的編號 (共有5個)，第 2 行是樹齡，第 3 行是樹的周長。試依不同柳橙樹之編號繪出樹齡 (x 軸) 及周長 (y 軸) 的連線圖 (如圖 6.9.4)。

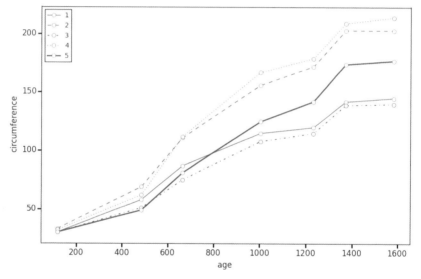

圖 6.9.4：習題 6.9.7 之圖形

【習題 6.9.8】定義一個二維的函數 $f(r)$ 如下：

$$f(r) = \begin{cases} 10\sin(r)/r, & r \neq 0, \\ 1, & r = 0, \end{cases}$$

其中

$$r = \sqrt{x^2 + y^2}.$$

請繪製此函數的等高線圖 (等值線) (如圖 6.9.5)。

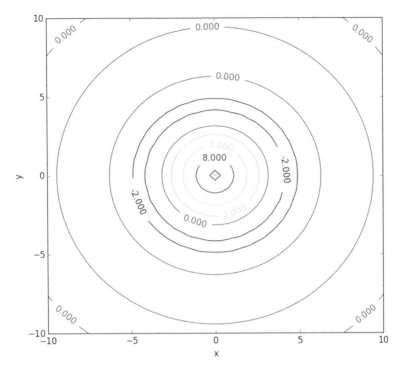

圖 6.9.5:習題 6.9.8 之圖形

【習題 6.9.9】定義一個二維的速度函數 u , v 如下:

$$u(x, y) = y ,$$
$$v(x, y) = -0.5y - \sin(x).$$

請繪製此速度向量場圖 (如圖 6.9.6)。

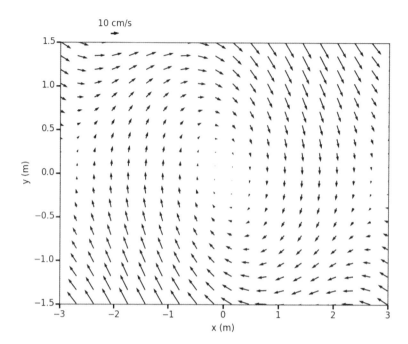

圖 6.9.6：習題 6.9.9 之圖形

科學計算套件：Scipy

Scipy (Scientific Python) 是使用 Numpy 陣列及其運算的一個套件，用來處理一些標準的科學問題，包括最佳化、積分、線性代數問題、統計回歸、假設檢定等等。首先我們須將 Scipy 載入：

```
>>> import numpy as np
>>> import scipy
```

欲了解這個套件之版本，可以使用下列之指令：

```
>>> scipy.__version__
```

欲了解這個套件之內容，可以使用下列之指令：

```
>>> np.info(scipy)
```

或

```
>>> help(scipy)  # right-click to preview
```

有關 Scipy 中之子套件請參考表 7.0.1。在本章中，我們簡單介紹一些常用的子套件，包括 optimize, integrate, interpolate, stats 等。

表 7.0.1：Scipy 子套件

Subpackages	Task
cluster	Vector Quantization / Kmeans
fftpack	Discrete Fourier Transform algorithms
integrate	Integration routines
interpolate	Interpolation Tools
io	Data input and output
linalg	Linear algebra routines
linalg.blas	Wrappers to BLAS library
lib.lapack	Wrappers to LAPACK library
misc	Various utilities that don't have another home
ndimage	n-dimensional image package
odr	Orthogonal Distance Regression
optimize	Optimization Tools
signal	Signal Processing Tools
signal.windows	Window functions
sparse	Sparse Matrices
sparse.linalg	Sparse Linear Algebra
sparse.linalg.dsolve	Linear Solvers
sparse.linalg.dsolve.umfpack	Interface to the UMFPACK library: Conjugate Gradient Method (LOBPCG)
sparse.linalg.eigen	Sparse Eigenvalue Solvers
sparse.linalg.eigen.lobpcg	Locally Optimal Block Preconditioned Conjugate Gradient Method (LOBPCG)
spatial	Spatial data structures and algorithms
special	Airy Functions
stats	Statistical Functions

假如我們想要在子套件 scipy.optimize 中找尋有關 "roots" 之函數，可以使用下列的指令：

```
>>> import scipy.optimize

>>> np.lookfor("roots", scipy.optimize)

Search results for 'roots'
-------------------------
scipy.optimize.fsolve
    Find the roots of a function.
scipy.optimize.tests.test_zeros.test_complex_halley
    Test Halley's works with complex roots
scipy.optimize.optimize.sqrt
    Return the positive square-root of an array, element-wise.
scipy.optimize._lsq.common.solve_trust_region_2d
    Solve a general trust-region problem in 2 dimensions.
scipy.optimize._lsq.common.intersect_trust_region
    Find the intersection of a line with the boundary of a
        trust region.
```

7.1 最佳化子套件 optimize

在本節中我們介紹 optimize 子套件。這個套件可用來處理一些最佳化問題。欲了解這個套件之內容，可以使用下列之指令：

```
>>> import numpy as np
>>> import scipy.optimize

>>> np.info(scipy.optimize)   # right-click to preview
```

或

```
>>> help(scipy.optimize)   # right-click to preview
```

首先介紹方程式求根。假設我們想要求出多項式 $f(x) = x^3 + 2x^2 - 7$ 的一個零根 (zero)。我們可以使用 fsolve() 來求根。若設定起始猜測為 $x_0 = 1.0$，則我們可以使用下列之指令：

```
>>> import numpy as np

>>> from scipy.optimize import fsolve

>>> help(fsolve)   # Find the roots of a function.

>>> f = lambda x: x**3 + 2 * x**2 - 7
>>> root = fsolve(f, 1.0)   # 1.0 is the starting estimate
                            for the root
>>> root
array([ 1.4288177])

>>> f(root)
array([  1.77635684e-15])
```

事實上此多項式 $f(x) = x^3 + 2x^2 - 7$ 之所有零根為：

```
>>> np.roots([1, 2, 0, -7])
array([-1.71440885+1.3999849j, -1.71440885-1.3999849j,
1.42881770+0.j          ])
```

假設要求出上面多項式 $f(x) = x^3 + 2x^2 - 7$ 與 $g(x) = x + 2$ 的交點，則我們也可以使用 fsolve() 來求交點：

```
>>> f = lambda x: x**3 + 2 * x**2 - 7
>>> g = lambda x: x + 2

>>> intersection = fsolve(lambda x: f(x) - g(x), 1.0)
>>> intersection
array([ 1.70048364])

>>> f(intersection); g(intersection)
```

```
array([ 3.70048364])
array([ 3.70048364])
```

再來介紹極值之求解。假設我們想要求出 $f(x) = e^{-x} + x^4$ 的最小值,即我們要找一個 $x*$ 使得 $f(x*) \leq f(x)$ 對所有的 x。我們可以使用 minimize() 或 minimize_scalar() 來求最小值。若設定起始猜測為 $x_0 = 1.0$,則我們可以使用下列之指令來求最小值:

```
>>> from scipy.optimize import minimize

>>> f = lambda x: np.exp(-x) + x**4

>>> minimize(f, 1.0)
x: array([ 0.52825186])
fun: 0.6675037513807417
```

或

```
>>> from scipy.optimize import minimize_scalar

>>> minimize_scalar(f)
x: 0.52825187252806549
fun: 0.66750375138074136
```

因此 $x* = 0.5282519$,且最小值為 $f(x*) = 0.6675038$。

最後介紹最小平方回歸 (least squares regression) 問題之求解。我們可以使用 curve_fit() 來求最小平方解。假設回歸問題之輸入資料 x 及輸出資料 y 為

```
>>> x = np.array([1, 2.5, 3.6, 3.2, 5.5])
>>> y = np.array([-2.5, 3.3, 0, 2.2, -7])
```

首先我們使用一階多項式為回歸模型,即

$$y_i = \beta_0 + \beta_1 x_i + \varepsilon_i.$$

最小平方估測 $\hat{\beta}_0$, $\hat{\beta}_1$ 可由下列之指令得到：

```
>>> from scipy.optimize import curve_fit

>>> f = lambda x, b0, b1: b0 + b1 * x
>>> par_est, cov_est = curve_fit(f, x, y)

>>> par_est
array([ 3.03412551, -1.21333086])

>>> cov_est
array([[ 19.50520602,  -5.07713766],
       [ -5.07713766,   1.60668914]])
```

上面的結果說明了

$$\left(\hat{\beta}_0, \hat{\beta}_1\right) = (3.0341, -1.2133),$$

而 $\hat{\beta}_0$, $\hat{\beta}_1$ 的共變數矩陣 (covariance matrix) 為

$$\text{cov}\left(\hat{\beta}_0, \hat{\beta}_1\right) = \begin{bmatrix} 19.5052 & -5.0771 \\ -5.0771 & 1.6069 \end{bmatrix}.$$

因此預測函數為：

$$\hat{y} = \hat{\beta}_0 + \hat{\beta}_1 x = 3.0341 - 1.2133x.$$

請注意最小平方估測 par_est 之順序是按原始定義回歸函數 f 時參數之順序。再來我們使用二階多項式為回歸模型，即

$$y_i = \beta_0 + \beta_1 x_i + \beta_2 x_i^2 + \varepsilon_i.$$

最小平方估測 $\hat{\beta}_0, \hat{\beta}_1, \hat{\beta}_2$ 可由下列之指令得到：

```
>>> g = lambda x, b0, b1, b2: b0 + b1 * x + b2 * x**2
>>> par_est, cov_est = curve_fit(g, x, y)

>>> par_est
array([-8.18376722,  7.36291495, -1.30832323])

>>> cov_est
array([[ 6.90350139, -4.22790039,  0.5622894 ],
       [-4.22790039,  2.98943883, -0.42987861],
       [ 0.5622894 , -0.42987861,  0.06557883]])
```

這結果說明了最小平方之預測函數為：

$$\hat{y} = -8.1838 + 7.3629x - 1.3083x^2.$$

7.2 積分子套件 integrate

在本節中我們介紹 integrate 子套件。這個套件可用來處理一些積分問題。欲了解這個套件之內容，可以使用下列之指令：

```
>>> import numpy as np
>>> import scipy.integrate

>>> np.info(scipy.integrate)
```

或

```
>>> help(scipy.integrate)  # right-click to preview
```

首先我們考慮給定被積函數 (integrand) 的定積分。我們可以使用 quad() 來求定積分。

例題 7.2.1 ▶▶▶ 我們要計算如下之定積分：

$$\int_a^b e^{-x}dx.$$

此積分值為 $e^{-a}-e^{-b}$。假設 $a=1$, $b=3$。我們可以使用下面之指令來估算此積分值：

```
>>> import numpy as np
>>> from scipy.integrate import quad

>>> f = lambda x: np.exp(-x)
>>> integral, error = quad(f, 1, 3)

>>> integral
0.3180923728035784
>>> error
3.5315347624418167e-15
```

由上可得積分值為 0.3181，而誤差為 3.53×10^{-15}。我們可驗證如下：

```
>>> np.exp(-1) - np.exp(-3)
0.31809237280357838
```

例題 7.2.2 ▶▶▶ 由積分公式可知，圓周率 π 可由下列之定積分得到：

$$\pi = \int_0^1 4\sqrt{1-x^2}\,dx.$$

我們可以使用下面之指令來估算圓周率：

```
>>> g = lambda x: 4 * np.sqrt(1 - x**2)

>>> quad(g, 0, 1)[0]
3.1415926535897922
```

我們可驗證如下：

```
>>> np.pi
3.141592653589793
```

例題 7.2.3 ▶▶▶ 在此例題我們來估算標準常態分佈之累積分佈函數：

$$\Phi(x) = \frac{1}{\sqrt{2\pi}} \int_{-\infty}^{x} e^{-t^2/2} dt .$$

不幸的是，由於積分區間牽涉到 $-\infty$，我們需要一些變數轉換。由 $e^{-t^2/2}$ 之對稱性可知

$$\Phi(0) = \frac{1}{2},$$

$$\Phi(x) = \frac{1}{2} + \frac{1}{\sqrt{2\pi}} \int_{0}^{x} e^{-t^2/2} dt , \ x > 0,$$

$$\Phi(x) = \frac{1}{2} - \frac{1}{\sqrt{2\pi}} \int_{x}^{0} e^{-t^2/2} dt = \frac{1}{2} + \frac{1}{\sqrt{2\pi}} \int_{0}^{x} e^{-t^2/2} dt , \ x < 0.$$

在 $x \neq 0$ 時若定義 $u = t/x$，則可得

$$\Phi(x) = \frac{1}{2} + \frac{1}{\sqrt{2\pi}} \int_{0}^{1} x e^{-(xu)^2/2} du , \ x \neq 0.$$

首先定義被積函數 (integrand) 及積分式：

```
>>> f = lambda u, x: 1/np.sqrt(2 * np.pi) * x *
          np.exp(-(x * u)**2 / 2)

>>> def cdf(x):
        y = np.zeros(len(x))
        for i in range(len(x)):
```

```
        y[i] = np.where(x[i] == 0, 0.5, 0.5 + quad(f, 0, 1,
               args = (x[i],))[0])
    return y
```

請注意若被積函數之引數不只一個，則 quad() 將會沿著第一個引數的方向來積分。現在我們可以使用下面之指令來估算此積分值：

```
>>> x = np.array([-0.5, 0, 0.5])
>>> cdf(x)
array([ 0.30853754,  0.5       ,  0.69146246])
```

我們可驗證如下：

```
>>> from scipy.stats import norm

>>> x = np.array([-0.5, 0, 0.5])
>>> distribution = norm(loc = 0, scale = 1)
>>> cdf_value = distribution.cdf(x)
>>> cdf_value
array([ 0.30853754,  0.5       ,  0.69146246])
```

再來考慮被積函數未知，但給定一些被積函數值；此時我們需要的是數值積分 (numerical integration)。我們可以使用 trapz() 來求積分。

例題 7.2.4 ▶▶▶ 再考慮【例題7.2.2】。我們假設並不知道被積函數，但給定一些函數值。首先我們建立如下的資料：

```
>>> import numpy as np
>>> from scipy.integrate import quad, trapz

>>> g = lambda x: 4 * np.sqrt(1 - x**2)

>>> np.random.seed(1)
>>> x = np.sort(np.random.uniform(size = 100))
>>> y = g(x)
```

現在我們可以使用下面之指令來估算此積分值：

```
>>> trapz(y, x = x)   # using the composite trapezoidal rule
3.1357267636377815
```

我們可驗證如下：

```
>>> quad(g, 0, 1)[0]
3.1415926535897922
```

　　最後考慮如何來解一個聯立微分方程式。我們可以使用 odeint() 來解聯立微分方程式。

例題 7.2.5 ▶▶▶ 考慮如下的動態系統：

$$\dot{x}_1(t) = -x_2(t),$$
$$\dot{x}_2(t) = x_1(t) + \left[1 - x_1^2(t)\right]x_2(t),$$
$$x_1(0) = 0.1,\ x_2(0) = 0.2.$$

首先定義微分方程式右側之函數：

```
>>> from scipy.integrate import odeint
>>> import matplotlib.pyplot as plt

>>> def f(x, t): # return derivatives of the array x
        return np.array([-x[1], x[0] + (1 - x[0]**2) * x[1]])
```

接著指明時間點和初值：

```
>>> time = np.linspace(0.0, 50.0, 5000)
>>> x0 = np.array([0.1, 0.2])   # initial states
```

我們可以使用下列的指令求出系統狀態的軌跡：

```
>>> state = odeint(f, x0, time)
```

我們可以使用如下之指令來繪出系統狀態的軌跡及相位軌跡 (phase trajectory)
(如圖 7.2.1)：

```
>>> plt.figure(figsize = (6, 6))
>>> plt.plot(time, state[:, 0], "r-", label = "x1")
>>> plt.plot(time, state[:, 1], "b:", label = "x2")
>>> plt.title("state trajectories")
>>> plt.xlabel("time")
>>> plt.ylabel("states")
>>> plt.axis([-1, 51, -4, 4])
>>> plt.legend(loc = "upper left", fontsize = 12)
>>> plt.show()

>>> plt.figure(figsize = (6, 6))
>>> plt.plot(state[:, 0], state[:, 1])
>>> plt.title("phase trajectory")
>>> plt.xlabel("x1")
>>> plt.ylabel("x2")
>>> plt.show()
```

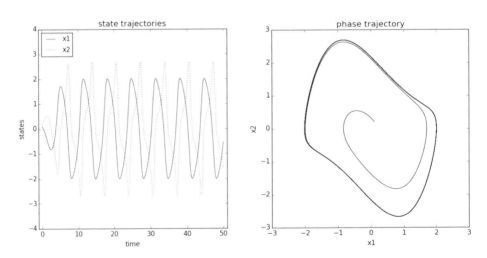

圖 7.2.1：例題 7.2.5 之狀態軌跡及相位軌跡

由上圖可知這是一個週期軌跡。

例題 7.2.6 ▶▶▶ 考慮如下的動態系統：

$$\ddot{x} + c\dot{x} + x^3 = k\cos(\Omega t),$$

其中 c, k, Ω 為常數。定義

$$x_1 = x,\ x_2 = \dot{x},$$

則可得

$$\dot{x}_1 = x_2,\ \dot{x}_2 = -x_1^3 - cx_2 + k\cos(\Omega t).$$

假設

$$c = 0.1,\ k = 1,\ \Omega = 2,\ (x_{10}, x_{20}) = (0.1, 0.2).$$

首先定義微分方程式右側之函數：

```
>>> from scipy.integrate import odeint
>>> import matplotlib.pyplot as plt

>>> c = 0.1; k = 1; omega = 2
>>> def f(x, t): # return derivatives of the array x
        return np.array([x[1], -x[0]**3 - c * x[1]
                        + k * np.cos(omega * t)])
```

接著指明時間點和初值：

```
>>> time = np.linspace(0.0, 50.0, 5000)
>>> x0 = np.array([0.1, 0.2])  # initial states
```

我們可以使用下列的指令求出系統狀態的軌跡：

```
>>> state = odeint(f, x0, time)
```

我們可以使用如下之指令來繪出系統狀態的軌跡及相位軌跡 (如圖 7.2.2)：

```
>>> plt.figure(figsize = (6, 6))
>>> plt.plot(time, state[:, 0], "r-", label = "x1")
>>> plt.plot(time, state[:, 1], "b:", label = "x2")
>>> plt.title("state trajectories")
>>> plt.xlabel("time")
>>> plt.ylabel("states")
>>> plt.axis([-1, 51, -1, 1])
>>> plt.legend(loc = "upper right", fontsize = 12)
>>> plt.show()

>>> plt.figure(figsize = (6, 6))
>>> plt.plot(state[:, 0], state[:, 1])
>>> plt.title("phase trajectory")
>>> plt.xlabel("x1")
>>> plt.ylabel("x2")
>>> plt.show()
```

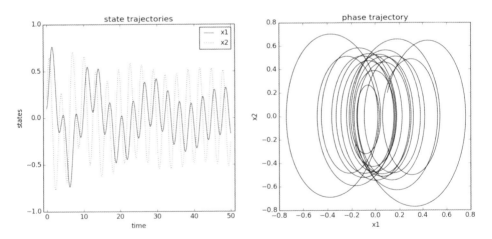

圖 7.2.2：例題 7.2.6 之狀態軌跡及相位軌跡

由上圖可看出這是一個混沌軌跡。

例題 7.2.7 ▶▶▶ 考慮如下著名的 Lorenz 系統：

$$\dot{x} = \sigma(y - x), \ \dot{y} = rx - y - xz, \ \dot{z} = xy - bz,$$

其中 σ, r, b 皆為正實數。假設

$$\sigma = 10, \ r = 28, \ b = 8/3, \ (x_0, y_0, z_0) = (15, 10, 40).$$

首先定義微分方程式右側之函數：

```
>>> from scipy.integrate import odeint
>>> import matplotlib.pyplot as plt

>>> sigma = 10; r = 28; b = 8/3
>>> def f(x, t): # return derivatives of the array x
        return np.array([sigma * (x[1] - x[0]), r * x[0]
            - x[1] - x[0] * x[2], x[0] * x[1] - b * x[2]])
```

接著指明時間點和初值：

```
>>> time = np.linspace(0.0, 50.0, 5000)
>>> x0 = np.array([15, 10, 40])  # initial states
```

我們可以使用下列的指令求出系統狀態的軌跡：

```
>>> state = odeint(f, x0, time)
```

我們可以使用如下之指令來繪出系統狀態的軌跡及相位軌跡 (如圖 7.2.3)：

```
>>> plt.figure(figsize = (6, 6))
>>> plt.plot(time, state[:, 0], "r-", label = "x")
>>> plt.plot(time, state[:, 1], "g:", label = "y")
>>> plt.plot(time, state[:, 2], "b-.", label = "z")
>>> plt.title("state trajectories")
>>> plt.xlabel("time")
>>> plt.ylabel("states")
```

```
>>> plt.axis([-1, 51, -25, 45])
>>> plt.legend(loc = "upper left", fontsize = 12)
>>> plt.show()

>>> plt.figure(figsize = (6, 6))
>>> plt.plot(state[:, 0], state[:, 1])
>>> plt.title("phase trajectory")
>>> plt.xlabel("x")
>>> plt.ylabel("y")
>>> plt.show()

>>> plt.figure(figsize = (6, 6))
>>> plt.plot(state[:, 1], state[:, 2])
>>> plt.title("phase trajectory")
>>> plt.xlabel("y")
>>> plt.ylabel("z")

>>> plt.show()

>>> plt.figure(figsize = (6, 6))
>>> plt.plot(state[:, 0], state[:, 2])
>>> plt.title("phase trajectory")
>>> plt.xlabel("x")
>>> plt.ylabel("z")
>>> plt.show()
```

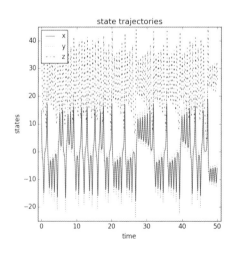
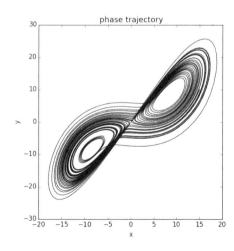

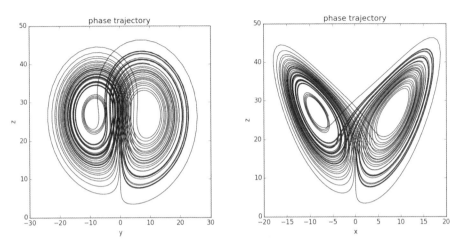

圖 7.2.3：例題 7.2.7 之狀態軌跡及相位軌跡

由上圖可看出這是一個混沌軌跡。

7.3 插值子套件 interpolate

在本節中我們介紹 interpolate 子套件。這個套件可用來處理一些插值 (interpolation) 的問題。欲了解這個套件之內容，可以使用下列之指令：

```
>>> import numpy as np
>>> import scipy.interpolate

>>> np.info(scipy.interpolate)  # right-click to preview
```

或

```
>>> help(scipy.interpolate)  # right-click to preview
```

假設真實函數為

$$f(x) = \cos(x) + x .$$

我們可建構真實函數 f 及產生無雜訊之輸入資料 x 及輸出資料 y 如下：

```
>>> from scipy.interpolate import interp1d
>>> import matplotlib.pyplot as plt

>>> f = lambda x: np.cos(x) + x

>>> np.random.seed(1)
>>> x = np.random.uniform(low = 0, high = 5, size = 20)
>>> y = f(x)
```

我們可以使用 interp1d() 來進行插值如下；在此我們使用了一階及二階的多項式為樣條函數 (spline function)：

```
>>> g1 = interp1d(x, y, kind = "linear")
>>> g2 = interp1d(x, y, kind = "quadratic")
```

接著來求一些較為密集的預測值：

```
>>> x0 = np.linspace(np.min(x), np.max(x), 100)
>>> y0 = f(x0)
>>> y1 = g1(x0)
>>> y2 = g2(x0)
```

最後可以將預測函數繪出 (如圖 7.3.1)：

```
>>> plt.figure(figsize = (6, 6))
>>> plt.plot(x, y, "wo", label = "data")
>>> plt.plot(x0, y0, "r-", label = "true")
>>> plt.plot(x0, y1, "g-.", label = "linear")
>>> plt.plot(x0, y2, "b:", label = "quadratic")
>>> plt.xlabel("x")
>>> plt.ylabel("y")
>>> ymin = min(min(y0), min(y1), min(y2))
>>> ymax = max(max(y0), max(y1), max(y2))
>>> plt.axis([-1, 6, ymin - 0.5, ymax + 0.5])
>>> plt.legend(loc = "upper left", fontsize = 12)
>>> plt.show()
```

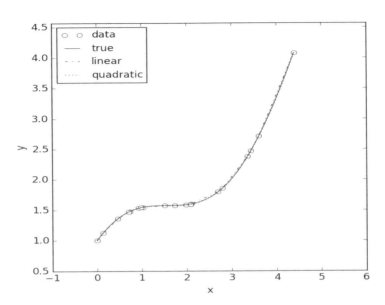

圖 7.3.1：一階及二階多項式樣條函數插值之預測函數

由圖可知，兩個預測函數與真實函數十分接近。

若輸入資料及輸出資料含有一些雜訊，則我們可以使用 UnivariateSpline() 來進行插值。首先建構真實函數 f 及產生有雜訊之輸入資料 x 及輸出資料 yn 如下：

```
>>> from scipy.interpolate import UnivariateSpline
>>> import matplotlib.pyplot as plt

>>> f = lambda x: np.cos(x) + x

>>> np.random.seed(1)
>>> x = np.random.uniform(low = 0, high = 5, size = 20)
>>> yn = f(x) + np.random.normal(size = 20) / 10
```

接著使用 UnivariateSpline() 來進行插值如下；在此我們使用了二階 (k = 2) 及三階 (k = 3) 的多項式為平滑樣條函數 (smoothing spline function)：

```
>>> h1 = UnivariateSpline(x, yn, k = 2)
>>> h2 = UnivariateSpline(x, yn, k = 3)
```

接著來求一些較為密集的預測值：

```
>>> x0 = np.linspace(np.min(x), np.max(x), 100)
>>> y0 = f(x0)
>>> yn1 = h1(x0)
>>> yn2 = h2(x0)
```

最後可以將預測函數繪出 (如圖 7.3.2)：

```
>>> plt.figure(figsize = (6, 6))
>>> plt.plot(x, yn, "wo", label = "data")
>>> plt.plot(x0, y0, "r-", label = "true")
>>> plt.plot(x0, yn1, "g-.", label = "quadratic")
>>> plt.plot(x0, yn2, "b:", label = "cubic")
>>> plt.xlabel("x")
>>> plt.ylabel("y")
>>> ymin = min(min(y0), min(yn1), min(yn2))
>>> ymax = max(min(y0), max(yn1), max(yn2))
>>> plt.axis([-1, 6, ymin - 0.5, ymax + 0.5])
>>> plt.legend(loc = "upper left", fontsize = 12)
>>> plt.show()
```

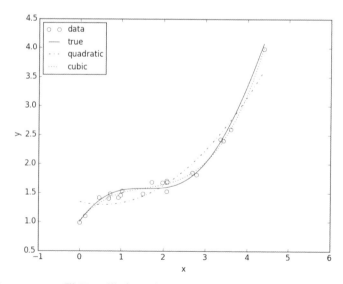

圖 7.3.2：二階及三階多項式平滑樣條函數插值之預測函數

由圖可知，對這組資料使用三階多項式為平滑樣條函數的預測函數與真實函數較為接近。

7.4 統計子套件 stats

在本節中我們介紹 stats 子套件。這個套件可用來處理一些機率與統計問題。欲了解這個套件之內容，可以使用下列之指令：

```
>>> import numpy as np
>>> import scipy.stats as stats

>>> np.info(stats)   # right-click to preview
```

或

```
>>> help(stats)   # right-click to preview
```

在 stats 套件中有各式各樣的機率分佈函數可以使用。在給定的隨機變數，我們有以下的縮寫：

- ▶ pmf：probability mass function (機率質量函數)

- ▶ pdf：probability density function (機率密度函數)

- ▶ cdf：cumulative distribution function (累積分佈函數)

- ▶ ppf：percent point function (百分位函數)

- ▶ rvs：random variable sample (隨機樣本)

首先介紹如何建構一個具離散型機率分佈之機率模型 (probability model)。先載入 stats 套件：

```
>>> import scipy.stats as stats
```

若要建構一個 $[5, 10)$ 間的整數均勻分佈之機率模型，可以使用下列的指令：

```
>>> rv = stats.randint(low = 5, high = 10)
```

機率模型建構完成後，我們即可計算一些相關的機率函數值：

```
>>> rv.pmf([5, 6, 7, 8, 9])
array([ 0.2,  0.2,  0.2,  0.2,  0.2])

>>> rv.pmf([4, 5, 6, 7, 8, 9, 10])
array([ 0. ,  0.2,  0.2,  0.2,  0.2,  0.2,  0. ])

>>> rv.cdf([5, 6, 7, 8, 9])
array([ 0.2,  0.4,  0.6,  0.8,  1. ])

>>> rv.cdf([4, 5, 6, 7, 8, 9, 10])
array([ 0. ,  0.2,  0.4,  0.6,  0.8,  1. ,  1. ])

>>> rv.ppf([0.25, 0.5, 0.75])
array([ 6.,  7.,  8.])

>>> np.random.seed(1)
>>> rv.rvs(5)
array([8, 9, 5, 6, 8])
```

若要建構一個具二項分配分佈 (binomial distribution) 之機率模型，可以類似使用下列的指令：

```
>>> rv = stats.binom(n = 10, p = 0.4)
```

其中 n 是實驗次數，p 是每次實驗成功的機率。

若要建構一個具卜瓦松分佈 (Poisson distribution) 之機率模型，可以使用類似下列的指令：

```
>>> rv = stats.poisson(mu = 6.0)
```

其中 mu 是此機率分佈之期望值。

　　若要建構一個具幾何分佈 (geometric distribution) 之機率模型，可以使用類似下列的指令：

```
>>> rv = stats.geom(p = 0.2)
```

其中 p 是每次實驗成功的機率。

　　再來介紹如何建構一個具連續型機率分佈之機率模型。若要建構一個 $[0, 1)$ 間的實數均勻分佈之機率模型，可以使用下列的指令：

```
>>> rv = stats.uniform(loc = 0, scale = 1)
```

若要建構一個 $[2, 5)$ 間的實數均勻分佈之機率模型，可以使用下列的指令：

```
>>> rv = stats.uniform(loc = 2, scale = 3)   # constant in
                                             [loc, loc+scale]
```

若要建構一個具標準常態分佈 (standard normal distribution) 之機率模型，可以使用下列的指令：

```
>>> rv = stats.norm(loc = 0, scale = 1)
```

機率模型建構完成後，我們即可計算一些相關的機率函數值：

```
>>> x = np.array([-0.5, 0, 0.5])

>>> rv.pdf(x)
array([ 0.35206533,  0.39894228,  0.35206533])

>>> rv.cdf(x)
array([ 0.30853754,  0.5       ,  0.69146246])

>>> rv.ppf([0.25, 0.5, 0.75])
array([-0.67448975,  0.        ,  0.67448975])
```

```
>>> np.random.seed(1)
>>> rv.rvs(3)
array([ 1.62434536, -0.61175641, -0.52817175])
```

若要建構一個具常態分佈 (normal distribution)，期望值為 1.5 且標準差為 4 之機率模型，可以使用下列的指令：

```
>>> rv = stats.norm(loc = 1.5, scale = 4)
```

若要建構一個具指數分佈 (exponential distribution) 之機率模型，可以使用類似下列的指令：

```
>>> rv = stats.expon(scale = 2)
```

其中 scale 是尺度參數 (scale parameter)。

拿到一些資料，通常第一件要做的事是大致了解給定資料一些可能的特性。我們可應用 describe() 來得到給定資料的描述性統計 (descriptive statistics) 結果。這些結果包括資料大小、最小值、最大值、平均值 (mean)、變異數 (variance)、偏態 (skewness) 及峰態 (kurtosis)。例如：

```
>>> np.random.seed(1)
>>> x = np.random.normal(size = 100)

>>> quick_look = stats.describe(x)

>>> print('\nSize = ' + str(quick_look[0]))
Size = 100

>>> print('Minimim = ' + str(quick_look[1][0]))
Minimim = -2.30153869688

>>> print('Maximum = ' + str(quick_look[1][1]))
Maximum = 2.18557540653

>>> print('Mean = ' + str(quick_look[2]))
```

```
Mean = 0.0605828520757

>>> print('Variance = ' + str(quick_look[3]))
Variance = 0.791415679681

>>> print('Skewness = ' + str(quick_look[4]))
Skewness = -0.004481651435926152

>>> print('Kurtosis = ' + str(quick_look[5]))
Kurtosis = -0.0010829102812701663
```

　　底下我們來示範如何使用 stats 套件中之函數來從事假設檢定 (hypothesis testing)。首先產生一些測試資料，分別是來自標準常態分佈、均勻分佈及 t 分佈之亂數：

```
>>> np.random.seed(1)
>>> x = np.random.normal(size = 100)
>>> y = np.random.uniform(low = -10, high = 10, size = 100)
>>> z = stats.t.rvs(df = 30, size = 100)
```

假設我們想檢定這些資料是否來自一個常態分佈，可以應用 normaltest() 如下：

```
>>> z_score, p_value = stats.normaltest(x)
>>> p_value
0.95026732031696215

>>> z_score, p_value = stats.normaltest(y)
>>> p_value
2.9910483438560406e-12

>>> z_score, p_value = stats.normaltest(z)
>>> p_value
0.070298809063180936
```

假如我們設定顯著水準 (significance level) 為 $\alpha = 0.05$。由上面的 p_value (probability value) 可知，我們有強烈證據 (strong evidence) 顯示 y 不是來自一

個常態分佈的資料 (p_value < 0.05)，而無法拒絕 x, z 是來自某個常態分佈的資料 (p_value > 0.05)。為何 z 也可視為來自一個常態分佈的資料？原因是在一個 t 分佈中，若其自由度 (degrees of freedom) 為 30，則此機率分佈十分接近標準常態分佈。

要檢定上面給定的資料是否來自一個常態分佈也可以應用 kstest() 如下：

```
>>> D, p_value = stats.kstest(x, "norm")
        # against normal distribution
>>> p_value
0.4732461613884249

>>> D, p_value = stats.kstest(y, "norm")
p_value
2.2426505097428162e-14

>>> D, p_value = stats.kstest(z, "norm")
>>> p_value
0.91045384676457142
```

我們得到與上面相同的結論。再者我們也可以應用 kstest() 來與其他的機率分佈比較。例如：

```
>>> D, p_value = stats.kstest(x, "laplace")
        # vs Laplace distribution
>>> p_value
0.16872489784309086

>>> D, p_value = stats.kstest(y, "expon")
        # vs exponential distribution
>>> p_value
0.0

>>> D, p_value = stats.kstest(z, "wald")
        # vs Wald distribution
```

```
>>> p_value
0.0
```

有關核密度估計 (kernel density estimator, KDE)，可以使用 stats.kde()。

7.5 習題

【習題 7.5.1】令

$$f(x) = x^3 + 2x^2 - 7 , \quad g(x) = 0.01 \cdot x^3 \cos(x) - 0.2 \cdot x^2 \sin(x) + 0.05 \cdot x - 1.$$

(1) 求出方程式 $f(x) = 0$ 的根，起始猜測為 $x_0 = 2$。

(2) 求出方程式 $g(x) = 0$ 的根，起始猜測為 $x_0 = 10$。

(3) 求出 $f(x)$ 與 $g(x)$ 的交點，起始猜測為 $x_0 = 1$。

【習題 7.5.2】求出下列函數在指定範圍內之最小值：

(1) $f(x) = e^{-x} + x^4$, $x \in [0, 1]$;

(2) $f(x) = (x - 2)^2$, $x \in [1, 5]$;

(3) $f(x) = 0.01 \cdot x^3 \cos(x) - 0.2 \cdot x^2 \sin(x) + 0.05 \cdot x - 1$, $x \in [-10, 0]$;

(4) $f(x) = 0.01 \cdot x^3 \cos(x) - 0.2 \cdot x^2 \sin(x) + 0.05 \cdot x - 1$, $x \in [5, 10]$;

(5) $f(x) = |x - 3.5| + (x - 2)^2$, $x \in [1, 5]$.

【習題 7.5.3】假設回歸問題之輸入資料 x 及輸出資料 y 為

```
x = np.array([1.3, 2.7, 3.2, 3.8, 5.1])
y = np.array([-2.2, 3.1, 0, 2.4, -6])
```

(1) 若使用一次多項式的回歸模型 $y_i = \beta_0 + \beta_1 x_i + \varepsilon_i$，試求出最小平方估測 $\hat{\beta}_0$, $\hat{\beta}_1$ 及相對的共變數矩陣。

(2) 若使用二次多項式的回歸模型 $y_i = \beta_0 + \beta_1 x_i + \beta_2 x_i^2 + \varepsilon_i$，試求出最小平方估測 $\hat{\beta}_0$, $\hat{\beta}_1$, $\hat{\beta}_2$ 及相對的共變數矩陣。

(3) 若使用三次多項式的回歸模型 $y_i = \beta_0 + \beta_1 x_i + \beta_2 x_i^2 + \beta_3 x_i^2 + \varepsilon_i$，試求出最小平方估測 $\hat{\beta}_0$, $\hat{\beta}_1$, $\hat{\beta}_2$, $\hat{\beta}_3$ 及相對的共變數矩陣。

【習題 7.5.4】計算如下之定積分：

(1) $\displaystyle\int_0^1 \frac{\alpha x^{\alpha-1}}{\beta^\alpha} e^{-(x/\beta)^\alpha} dx$，其中 $\alpha = 2$，$\beta = 1$。

(2) $\displaystyle\int_0^1 \lambda e^{-\lambda t} dt$，其中 $\lambda = 5$。

【習題 7.5.5】考慮如下的系統：

$$x_{k+1} = x_k\left(1 - p + p x_k^2\right),\ x_k \in [-1, 1]\ (0 \le p \le 4).$$

在 $p = 3.2$ 及 $p = 4$ 系統之動態有很大的不同。假設 $x_0 = 0.45$，試繪出兩條狀態軌跡並說明有何不同？

【習題 7.5.6】一個 Lozi 系統可表示為

$$x_{n+1} = 1 - a|x_n| + y_n,\ y_{n+1} = b x_n,\ |b| < 1,$$

其中 a, b 是系統的控制參數。假設

$$a = 1.7,\ b = 0.3,\ (x_0, y_0) = (0.5, -0.1).$$

試模擬系統之動態並繪出其狀態軌跡。

【習題 7.5.7】考慮如下的系統：

$$\dot{x}_1(t) = x_1(t)x_2(t),$$
$$\dot{x}_2(t) = -x_2(t) + ax_1^2(t), \ a < 0.$$

假設

$$a = -0.4, \ x_1(0) = 1, \ x_2(0) = 2.$$

請模擬系統之動態並繪出其相位軌跡。

【習題 7.5.8】考慮如下的系統：

$$\ddot{x} + c\dot{x} - x(1 - x^2) = k\cos(\Omega t).$$

其中 c, k, Ω 為常數。定義

$$x_1 = x, \ x_2 = \dot{x},$$

則可得

$$\dot{x}_1 = x_2, \ \dot{x}_2 = x_1(1 - x_1^2) - cx_2 + k\cos(\Omega t).$$

假設

$$c = 0.1, \ k = 1, \ \Omega = 2, \ (x_{10}, x_{20}) = (0.1, 0.2).$$

請模擬系統之動態並繪出其相位軌跡。

【習題 7.5.9】考慮如下著名的 Rössler 系統：

$$\dot{x} = -y - z, \quad \dot{y} = x + ay, \quad \dot{z} = b + z(x - c),$$

其中 a, b, c 為常數。假設

$$a = 0.2, \quad b = 0.2, \quad c = 5.7, \quad (x_0, y_0, z_0) = (5, 5, 10).$$

請模擬系統之動態並繪出其相位軌跡。

【習題 7.5.10】假設真實函數為

$$f(x) = \cos(x) + x \cdot \sin(x).$$

輸入資料 x 及輸出資料 y 建構如下：

```
f = lambda x: np.cos(x) + x * np.sin(x)

np.random.seed(1)
x = np.random.uniform(low = 0, high = 5, size = 20)
y = f(x)
```

使用 interp1d() 來進行插值且使用一階及二階的多項式為樣條函數，並將資料及預測函數繪出。

【習題 7.5.11】考慮一個具 t 分佈 (t-distribution) 之機率模型，其中自由度為 4。令

```
x = np.arange(start = -5, stop = 5, step = 1)
q = np.arange(start = -5, stop = 5, step = 1)
p = np.array([0.25, 0.5, 0.75])
```

(1) 計算機率密度函數 (pdf) 在 x 的值。

(2) 計算累積分佈函數 (cdf) 在 q 的值。

(3) 計算百分位函數 (ppf) 在 p 的值。

(4) 產生長度為 3 的隨機樣本 (rvs)。

【習題 7.5.12】考慮分別是來自標準常態分佈、均勻分佈及 t 分佈之隨機樣本：

```
np.random.seed(543)
x = np.random.normal(size = 100)
y = np.random.uniform(low = -10, high = 10, size = 100)
z = stats.t.rvs(df = 4, size = 100)
```

假如我們設定顯著水準 (significance level) 為 $\alpha = 0.05$。

(1) 檢定這些資料是否來自一個常態分佈？

(2) 檢定這些資料是否來自一個 t 分佈 (自由度為 4)？

圖形使用者介面：tkinter

　　一般而言，一個應用程式通常會有很多的輸入和輸出，亦即所謂的 I/O。其中包含檔案的 I/O、電腦周邊的 I/O 以及銀幕的 I/O。銀幕的 I/O 主要是讓使用者能夠互動的將資料輸入給執行中的程式，其中輸入的可使用觸控銀幕、滑鼠或鍵盤，同時程式也可以將階段性的執行結果顯示給使用者看。由於視窗相關技術的進步，現代的程式設計都將這種互動的界面設計成視窗或視覺化的樣式，這就是所謂的圖形使用者介面 (Graphic User Interface, GUI)。大部分的程式設計整合發展環境 (Integrated Development Environment, IDE) 大多有提供特定的套件，但大多只能在該環境底下使用，也完全無法跨平台使用。本章將介紹一套可以跨平台使用的 GUI 套件，即 Tk，在 Unix/Linux、Windows 和 Mac OS 上都可以使用。這套件小而好用，大部份該有的功能都已具備，而且在安裝 Python 時已附帶此套件，不必另外再安裝。使用 Tk 之前需要先載入套件，通常我們只需要載入 "tkinter" 這個模組即可，其語法如下：

```
>>> from Tkinter import *   # Python 版本 3 以下
>>> from tkinter import *   # Python 版本 3 以上
```

　　請注意，Python 版本 3 之前使用的 Tk 模組名稱為 "Tkinter"，之後的版本使用的模組名稱則為 "tkinter"。在下面兩節我們分別介紹元件 (widget) 和幾何管理 (geometry manager)。

8.1 元件語法

元件 (widget) 是組成視窗的最小單位，有些元件能夠容納其他的元件，稱為容器 (container)。簡單來說，tkinter 的主視窗 (root window) 本身就是一個容器，可以再容納其它容器，或是元件如標籤 (label)，按鈕 (button)，文字區域 (text) 等。以下分別介紹其中常用的元件，包括視窗區域 (frame)、標籤 (label)、標籤式視窗區域 (label frame)、文字區域 (text)、文字方塊 (entry)、按鈕 (button)、選單 (menu)、下拉式選單 (menu button) 及核取方塊 (check button) 等。

使用 Tk 時，首先要使用 Tk() 指令建立一個主視窗，之後才能將其它元件放置其上。程式最後必須使用 mainloop() 指令進入各種事件 (event) 的等待和處理，亦即進入使用者互動模式。基本語法如下：

```
root = Tk() # 建立主視窗
... # 設置其它元件
root.mainloop() # 進入事件的等待和處理
```

若要在主要視窗中建構一個新的視窗區域，可以使用 Frame() 指令，語法如下：

Frame(parent, option, ...)

其中 parent 為母視窗。以下是視窗區域常用的參數：

▶ height：高度

▶ width：寬度

▶ background or bg：背景顏色

▶ borderwidth or bd：邊框寬度

▶ padx：水平間距

▶ pady：垂直間距

其中所謂的視窗區域也是容器的一種。

例如宣告一個視窗區域元件，顏色黑色，長寬各 30，可以使用下列指令：

```
>>> root = Tk()   # 宣告視窗名稱
>>> frame = Frame(root, bg = 'black', height = 30, width = 30)
>>> frame.grid(row = 0)   # 置放於視窗元件
>>> root.mainloop()
```

上面的 grid() 指令會將元件顯示於主視窗上，詳細說明請參考下一節。執行結果如圖 8.1.1 所示。

圖 8.1.1：視窗區域範例

若要在主要視窗或視窗區域中建構一個新的標籤，可以使用 Label() 指令，語法如下：

> Label(parent, option, ...)

以下是標籤常用的參數：

- height：高度

- width：寬度

- background or bg：背景顏色

- borderwidth or bd：邊框寬度

- padx：水平間距

- pady：垂直間距

- text：文字

例如在主要視窗中建構一個新的粉紅色標籤，內容為 "Hello world!"，可以使用下列指令：

```
>>> root = Tk()
>>> label = Label(root, bg = 'pink', text = 'Hello world!')
>>> label.grid(row = 0)
>>> root.mainloop()
```

執行結果如圖 8.1.2 所示。

圖 8.1.2：標籤範例

標籤式視窗區域與視窗區域有些相似，是一個長方形容器，可放置其他元件，然而與視窗區域不同的地方在於標籤式視窗區域會在邊框上顯示一個標籤。若要在主要視窗或視窗區域中建構一個新的標籤式視窗區域可以使用 LabelFrame() 指令，語法如下：

LabelFrame(parent, option, ...)

以下是標籤式視窗區域常用的參數：

▶ height：高度

▶ width：寬度

▶ background or bg：背景顏色

▶ borderwidth or bd：邊框寬度

▶ padx：水平間距

▶ pady：垂直間距

▶ text：文字

例如將兩個標籤元件放置於一個標籤式視窗區域元件中，且標籤式視窗區域名稱為 "This is a test"，兩個標籤元件的內容分別為 Label1 與 Label2，可以使用下列指令：

```
>>> root = Tk()
>>> labelframe = LabelFrame(root, text = 'This is a test',
        bg = 'light green')
>>> labelframe.grid(row = 0)
>>> label1 = Label(labelframe, text = 'Label1')
>>> label1.grid(row = 0, column = 0)
>>> label2 = Label(labelframe, text = 'Label2')
>>> label2.grid(row = 0, column = 1)
>>> root.mainloop()
```

執行結果如圖 8.1.3 所示。

圖 8.1.3：標籤式視窗區範例

　　文字區域是一個完整的文字編輯元件，可以編輯不同的字型、顏色和背景。若要在主要視窗或視窗區域中建構一個新的文字區域可以使用 Text() 指令，語法如下：

> Text(parent, option, ...)

以下是文字區域常用的參數：

▶ height：高度

▶ width：寬度

▶ background or bg：背景顏色

▶ borderwidth or bd：邊框寬度

- ▶ padx：水平間距

- ▶ pady：垂直間距

例如建立一個文字區域元件，內容為 "Hello~~~" 與 "I like Python~~"，且 "Python" 為紅底黃字，可以使用下列的指令：

```
>>> root = Tk()
>>> text = Text(root, width = 30, height = 10)
>>> text.insert(INSERT, "Hello~~~")
>>> text.insert(END, "I like Python~~")
>>> text.pack()
>>> text.tag_add("tagit", "1.15", "1.21")
>>> text.tag_config("tagit", background = "red",
        foreground = "yellow")
>>> root.mainloop()
```

上面的 pack() 指令會將元件顯示於主視窗上，詳細說明請參考下一節。執行結果如圖 8.1.4 所示。

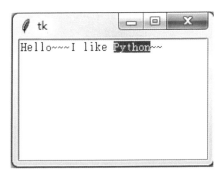

圖 8.1.4：文字區域範例

文字方塊主要是給使用者輸入字串或數字。若要在主要視窗或視窗區域中建構一個新的文字方塊可以使用 Entry() 指令，語法如下：

Entry(parent, option, ...)

以下是文字方塊常用的參數：

- ▶ state：狀態

- ▶ width：寬度

- ▶ background or bg：背景顏色

- ▶ borderwidth or bd：邊框寬度

- ▶ textvariable：文字變數

請注意，狀態的預設值是 normal，其他設定有 disabled 和 readonly。文字變數是為了讓使用者在輸入資料前，定義其型態，再利用 get() 取得，並使用 set() 加入資料；get() 與 set() 兩種方法我們會在 Button() 元件說明中介紹。以下是文字變數的定義型態：

- ▶ DoubleVar()：資料型態 double, 預設值為 0.0

- ▶ IntVar()：資料型態 integer, 預設值為 0

- ▶ StringVar()：資料型態 string, 預設值為 " "

例如建立三個文字方塊元件，內容的資料形態分別為浮點數 (double)、整數 (integer)、字串 (string)，可以使用下列指令：

```
>>> root = Tk()
>>> textvar1 = DoubleVar() # 資料型態 double, 預設值為 0.0
>>> textvar2 = IntVar()    # 資料型態 int, 預設值為 0
>>> textvar3 = StringVar() # 資料型態 string, 預設值為 ''
>>> entry1 = Entry(root, textvariable = textvar1)
>>> entry1.grid(row = 0)
>>> entry2 = Entry(root, textvariable = textvar2)
>>> entry2.grid(row = 1)
>>> entry3 = Entry(root, textvariable = textvar3)
>>> entry3.grid(row = 2)
>>> root.mainloop()
```

執行結果如圖 8.1.5 所示。

圖 8.1.5：文字方塊範例

在 GUI 的應用上，最常用來處理事件發生的元件莫過於按鈕了。通常我們會先撰寫一個副程式，並設定當按鈕被滑鼠左鍵按到時，立即執行此副程式，此副程式稱為事件的處理函式 (event handler)。若要在主要視窗或視窗區域中建構一個新的按鈕可以使用 Button() 指令，語法如下：

> Button(parent, option, ...)

以下是按鈕常用的參數：

▶ height：高度

▶ width：寬度

▶ background or bg：背景顏色

▶ borderwidth or bd：邊框寬度

▶ padx：水平間距

▶ pady：垂直間距

▶ text：文字

▶ command：事件處理函式

例如建構一個新的 Enter 按鈕及兩個文字方塊，當使用者在第一個文字方塊中輸入 5，並按下 Enter 按鈕之後，在第二個文字方塊中顯示 5.0 浮點數，可以使用下列指令：

```
>>> def get_info():
    temp = textvar.get()  # 利用 get 指令取得第一個文字方塊之值
    gettextvar.set(temp)  # 利用 set 指令將所取得之值顯示在第二個
                            文字方塊
```

```
>>> root = Tk()
>>> textvar = DoubleVar()
>>> gettextvar = DoubleVar()
>>> entry1 = Entry(root, textvariable = textvar, width =
                    10).pack()
>>> button = Button(root, text = 'Enter', width = 10,
                    command = get_info).pack()
>>> entry2 = Entry(root, textvariable = gettextvar, width =
                    10).pack()
>>> root.mainloop()
```

執行結果如圖 8.1.6 之左圖所示。當輸入 5，並按下按鈕顯示結果如圖 8.1.6 之
右圖所示。

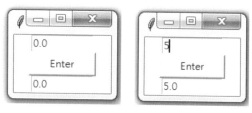

圖 8.1.6：按鈕範例

選單可讓使用者建立數個選項，並定義各選項的執行指令。若要建構一個
新的選單可以使用 Menu() 指令，語法如下：

Menu(parent, option, ...)

以下是選單常用的參數：

▶ background or bg：背景顏色

▶ borderwidth or bd：邊框寬度

▶ tearoff：分隔線

▶ title：標題

例如在選單元件 (取名為 Info) 中建立兩個選項 Show 及 Exit；點擊 Show 按鈕會顯示 "Hello!!!"，點擊 Exit 按鈕則會顯示 "Wanna leave?"，點擊確定即關閉選單，可以使用下面的指令：

```
>>> root = Tk()
>>> menubar = Menu(root)
>>> text =  lambda: messagebox.showinfo("Show" , "Hello!!!")
>>> def click():
    result = messagebox.askokcancel("Continue?", "Wanna leave?")
    if result == True:
        root.destroy() # 關閉視窗

>>> filemenu = Menu(menubar, tearoff = 0)
>>> filemenu.add_command(label = 'Show', command = text)
>>> filemenu.add_separator()
>>> filemenu.add_command(label = 'Exit', command = click)
>>> menubar.add_cascade(label = 'Info', menu = filemenu)
>>> root.config(menu = menubar)
```

其中參數 command 所設定的函式也是事件處理函式。選擇 Show 之執行結果如圖 8.1.7 所示。選擇 Exit 之執行結果如圖 8.1.8 所示。

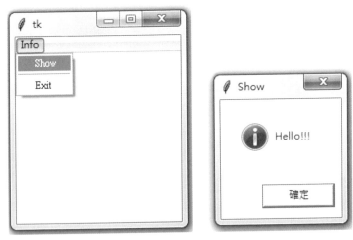

圖 8.1.7：選擇 Show 之執行結果

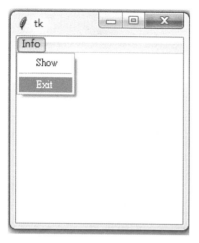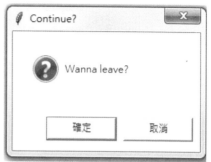

圖 8.1.8：選擇 Exit 之執行結果

　　上述的例子也可以使用下拉式選單 Menubutton() 指令來完成。但是 Menubutton() 必須與 Menu() 結合才能使用，語法如下：

> w1 = Menubutton(parent, option, ...)
> w2 = Menu(w1, option, ...)

以下是下拉式選單常用的參數：

▶ height：高度

▶ width：寬度

▶ background or bg：背景顏色

▶ borderwidth or bd：邊框寬度

▶ padx：水平間距

▶ pady：垂直間距

▶ text：文字

▶ menu：選單

將上述例子，改為在下拉式選單中建立選單元件，並將下拉式選單元件 Info 按鈕顏色改為黃色。可以使用下面的指令：

```
>>> root = Tk()
>>> text =  lambda: messagebox.showinfo("Show" , "Hello!!!")
>>> def click():
    result = messagebox.askokcancel("Continue?", "Wanna leave?")
    if result == True:
        root.destroy() # 關閉視窗

>>> mbutton = Menubutton(root, text = 'Info')
>>> filemenu = Menu(mbutton, tearoff = 0)
>>> mbutton.config(menu = filemenu)
>>> filemenu.add_command(label = 'Show', command = text)
>>> filemenu.add_separator()
>>> filemenu.add_command(label = 'Exit', command = click)
>>> mbutton.grid(row = 0, column = 0, sticky = 'W')
>>> mbutton.config(bg = 'yellow', bd = 1)
```

選擇 Show 之執行結果如圖 8.1.9 所示。選擇 Exit 之執行結果如圖 8.1.10 所示。

圖 8.1.9：選擇 Show 之執行結果

圖 8.1.10：選擇 Exit 之執行結果

核取方塊可讓使用者點選，核取為是，不核取為否。若要在主要視窗或視窗區域中建構一個新的核取方塊可以使用 Checkbutton() 指令，語法如下：

Checkbutton(parent, option, ...)

以下是核取方塊常用的參數：

▶ height：高度

▶ width：寬度

▶ background or bg：背景顏色

▶ borderwidth or bd：邊框寬度

▶ padx：水平間距

▶ pady：垂直間距

▶ text：文字

▶ variable：變數

例如我們可以利用核取方塊讓使用者勾選 Red 選項，以改變標籤的顏色。指令如下：

```
>>> root = Tk()
>>> root.title("Test")
''
```

```
>>> leave = lambda: root.destroy() # 關閉視窗
>>> def show():
      if checkvar.get() == 1:
          label.config(bg = 'red')
      else:
          label.config(bg = 'yellow')

>>> label = Label(root, text = "Demo", width = 10, bg = 'yellow')
>>> label.grid(row = 0,  column = 0)
>>> button = Button(root, text = "Show", width = 4, command
      = show)
>>> button.grid(row = 0,  column = 1)
>>> checkvar = IntVar()
>>> checkbutton = Checkbutton(root, text = "Red", variable =
      checkvar, width = 10)
>>> checkbutton.grid(row = 1,  column = 0)
>>> button = Button(root, text = "Exit", command = leave,
      width = 4)
>>> button.grid(row = 1,  column = 1)
```

執行結果如圖 8.1.11 所示。

圖 8.1.11：核取方塊範例

8.2 幾何管理

幾何管理是將元件做分類、排版的方法，讓使用者能按照需求來設計圖形使用者介面。總共分為三種，即 Pack, Grid 及 Place。

Pack 可將元件視為矩形物件，包裝到容器中。若要將標籤元件包裝在主視窗中，並顯示文字 "Hello world!!"，可以使用下列指令：

```
>>> root = Tk()
>>> label = Label(root, text = 'Hello world!!', font =
                 'Calibri 10')
>>> label.pack()
```

執行結果如圖 8.2.1 所示。

圖 8.2.1：使用 Pack 範例

　　Grid 以類似 "網格" 的概念放置元件的位置，並將每個元件按照網格的座標位置來排版，使各個元件有明確的位置。以下為使用的參數：

▶ row：列

▶ column：行

▶ sticky：定位置

▶ ipadx：橫向內部延伸

▶ ipady：縱向內部延伸

▶ padx：橫向外部延伸

▶ pady：縱向外部延伸

▶ rowspan：延伸列

▶ columnspan：延伸行

例如將標籤元件放置於第一列、第一行，並延伸至第二列，顯示文字 "Hello world!!"，可以使用下列指令：

```
>>> root = Tk()
>>> label = Label(root, text = 'Hello world!!', font =
                 'Calibri 10')
>>> label.grid(row = 0, column = 0, rowspan = 2)
```

執行結果如圖 8.2.2 所示。

圖 8.2.2：使用 Grid 範例

Place 可以任意指定元件在容器中的位置。若要將標籤元件放置於主視窗中，橫、縱座標各 0.5 個單位的大小，置中，並顯示文字 "Hello world!!"，可以使用下列指令：

```
>>> root = Tk()
>>> label = Label(root, text = 'Hello world!!', font =
                  'Calibri 10')
>>> label.place(relx = 0.5, rely = 0.5, anchor = CENTER)
```

執行結果如圖 8.2.3 所示。

圖 8.2.3：使用 Place 範例

8.3 範例

本節將提供一個完整的 Tk 使用範例，以供讀者參考。本範例設計一個 "開興通訊行" 的主要視窗並建置一個選單元件，在選單元件 (取名為 "商品") 中建立三個選項分別為 "手機"、"相機" 及 "清除"。點擊手機按鈕會顯示手機的購買清單，點擊相機按鈕則會顯示相機的購買清單。清單中使用者可輸入欲購買數量，按確定按鈕後即可顯示總金額。若欲修改數量，則可使用清除按鈕。

```
>>> from tkinter import *
>>> root = Tk()
>>> root.title('開興通訊行')
>>> def click():
    if case1 == True:
        entry_fr.delete(0, END); entry_tw1.delete(0, END);
        entry_jp1.delete(0, END) # 清除所有文字方塊中的數值
        label_money1 = Label(root, text = '消費金額 : 0').
            grid(row = 1,
        column = 0, sticky = 'WE')
    else:
        entry_ge.delete(0, END); entry_tw2.delete(0, END);
        entry_jp2.delete(0, END)
        label_money2 = Label(root, text = '消費金額 : 0').
            grid(row = 1,
        column = 0, sticky = 'WE')

>>> def type_phone():
    global case1; global case2
    case1 = True
    case2 = False
    lbfr1 = LabelFrame(root, text = '手機廠牌')
    lbfr1.grid(row = 0, column = 0)
    label_tw = Label(lbfr1, text = '國產牌手機(10000元)')
    label_tw.grid(row = 0, column = 0)
    label_jp = Label(lbfr1, text = '日本牌手機(15000元)')
    label_jp.grid(row = 1, column = 0)
    label_fr = Label(lbfr1, text = '水果牌手機(20000元)')
```

```
        label_fr.grid(row = 2, column = 0)
        lbfr2 = LabelFrame(root, text = '購買數量')
        lbfr2.grid(row = 0, column = 1)
        global entry_fr; global entry_tw1; global entry_jp1
        entry_fr = Entry(lbfr2)
        entry_fr.grid(row = 0, column = 0)
        entry_tw1 = Entry(lbfr2)
        entry_tw1.grid(row = 1, column = 0)
        entry_jp1 = Entry(lbfr2)
        entry_jp1.grid(row = 2, column = 0)
        global label_money1
        label_money1 = Label(root, text = '消費金額：0')
        label_money1.grid(row = 1, column = 0, sticky = 'WE')
        button = Button(root, text = '確定', command = cal1)
        button.grid(row = 1, column = 1, sticky = 'WE')

>>> def type_camera():
        global case1; global case2
        case1 = False
        case2 = True
        lbfr1 = LabelFrame(root, text = '相機廠牌')
        lbfr1.grid(row = 0, column = 0)
        label_tw = Label(lbfr1, text = '國產牌相機(8000元)')
        label_tw.grid(row = 0, column = 0)
        label_jp = Label(lbfr1, text = '日本牌相機(10000元)')
        label_jp.grid(row = 1, column = 0)
        label_ge = Label(lbfr1, text = '德國牌相機(15000元)')
        label_ge.grid(row = 2, column = 0)
        lbfr2 = LabelFrame(root, text = '購買數量')
        lbfr2.grid(row = 0, column = 1)
        global entry_ge; global entry_tw2; global entry_jp2
        entry_ge = Entry(lbfr2)
        entry_ge.grid(row = 0, column = 0)
        entry_tw2 = Entry(lbfr2)
        entry_tw2.grid(row = 1, column = 0)
        entry_jp2 = Entry(lbfr2)
        entry_jp2.grid(row = 2, column = 0)
        global label_money2
```

```
        label_money2 = Label(root, text = '消費金額： 0')
        label_money2.grid(row = 1, column = 0, sticky = 'WE')
        button = Button(root, text = '確定', command = cal2)
        button.grid(row = 1, column = 1, sticky = 'WE')

>>> menubar = Menu(root)
>>> filemenu = Menu(menubar, tearoff = 0)
>>> filemenu.add_command(label = '手機', command = type_phone)
>>> filemenu.add_command(label = '相機', command =
                type_camera)
>>> filemenu.add_separator()
>>> filemenu.add_command(label = '清除', command = click)
>>> menubar.add_cascade(label = '商品', menu = filemenu)
>>> root.config(menu = menubar)
>>> def cal1():
        num1 = int(entry_fr.get())
        num2 = int(entry_tw1.get())
        num3 = int(entry_jp1.get())
        total = num1*20000 + num2*10000 + num3*15000
        label_money1.config(text = '消費金額： '+ str(total))

>>> def cal2():
        num1 = int(entry_ge.get())
        num2 = int(entry_tw2.get())
        num3 = int(entry_jp2.get())
        total = num1*15000 + num2*8000 + num3*10000
        label_money2.config(text = '消費金額： '+ str(total))

>>> root.mainloop()
```

執行結果如圖 8.3.1 及 8.3.2 所示。

圖 8.3.1：手機選項之執行結果

圖 8.3.2：相機選項之執行結果

8.4 習題

【習題 8.4.1】設計一個具有文字方塊與按鈕的介面，文字方塊為輸入區，按鈕為 "清除" 功能。執行結果如下圖所示。

【習題 8.4.2】設計一個按鈕元件之介面，點擊按鈕後在下方跳出一個文字區域元件。執行結果如下圖所示。

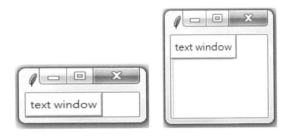

【習題 8.4.3】設計一個具有標籤、文字方塊與按鈕的運算功能介面，其運算方程式為 $f(x) = 3x_1 - 4x_2 + x_1x_3$，分別填入 x_1，x_2，x_3，點擊 answer 按鈕即可計算並顯示其答案。所有名稱請參考下圖。

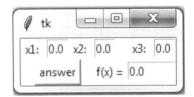 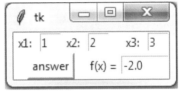

【習題 8.4.4】設計一個具有下拉式選單的功能表，其子項目功能為關閉。介面中建置可作加減運算的標籤、文字方塊及按鈕，按下 "確定" 按鈕即可計算出答案。所有名稱請參考下圖。

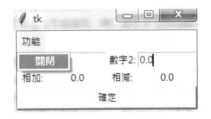 

【**習題** 8.4.5】設計一個點餐表單，放置兩個標籤式視窗區域，分別放入主餐和附餐選項，皆可多選。按下 "確定" 按鈕即可計算出總金額。所有名稱請參考下圖。

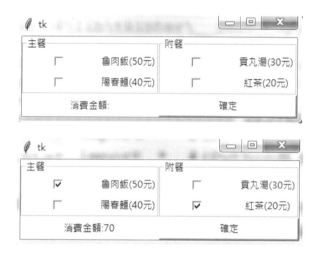

影像和視訊處理： OpenCV

9.1 OpenCV 簡介

OpenCV 全名為 Open Source Computer Vision Library，是一個跨平台的電腦視覺庫。OpenCV 用 C 與 C++ 語言編寫，並運作在 Windows, Android, iOS, Linux 和 Mac OS等平台上執行，它的主要介面是 C++ 語言，也保留了 C 語言介面。並且也支援 Python, Java, Matlab, C#, Ruby 這些語言的 API (Application Programming Interface) 介面函式。

最初 OpenCV 是由英特爾公司發起並參與開發，以 BSD 授權條款授權發行，在商業和研究領域中免費使用。OpenCV 可用於開發即時的影像處理、電腦視覺以及圖形識別程式等。該函式庫由最佳化的 C 語言核心所組成且主要介面是 C++ 語言，使用者可以使用多執行序進行程式處理，也可以使用英特爾公司的 Integrated Performance Primitives (IPP) libraries 進行加速處理。

OpenCV 專案最早由英特爾公司於 1999 年啟動，主要目標是提供簡單易建構的電腦視覺化的應用，提供了超過 500 個演算法副程式，包含了商品檢驗、醫學影像、安全監控、使用者介面、攝影鏡頭校準、立體視覺、機器人應用等。另外 OpenCV 也提供了機器學習函式庫滿足常用的機器學習問題。

大多數的電腦專家與程式設計師都知道電腦視覺所扮演的角色；但很少有人知道其運用的技術。例如，多數人知道電腦視覺可以用在監控使用、Web 網頁的影音或是在電腦視覺中的遊戲界面所包含的影像和視訊。然而，很少有人知道當中的技術，例如常看到的空中和街道地圖影像 (如 Google 街景) 是大量使用相機鏡頭校準和影像縫合技術 (image stitching techniques)，而大規模的量產技術也藉由製造檢測系統來提升產品產量並加快生產速度、降低人力負擔以及人工檢測的失誤率。

OpenCV 也被許多知名大型商業公司所推崇與運用，如 IBM, Microsoft, Intel, SONY, Siemens, Google ...等，或是知名研究中心，如 Stanford, MIT, CMU, Cambridge, INRIA ...等。在台灣也有許多企業與大專校院的使用者只要針對電腦視覺都會運用到 OpenCV 函式庫進行演算法的模擬與實現。OpenCV 函式庫常被運用的領域包含影像縫合、衛星與網站地圖、影像掃描校準、醫學影像降噪、物件分析、安全和入侵檢測系統、自動監測系統和安全系統、製造檢測系統、攝影機鏡頭校準、軍事運用、無人機與地面和水下機器等。

最新搭配 Python 使用的 OpenCV 版本為 cv2，除資料型態不同之外，其功能跟傳統的 cv 大致相同。以下分兩個部分來介紹 Python 用的 OpenCV，即 OpenCV 的主要架構和 cv2 簡介。

OpenCV 主要由幾個部分所組成，如圖 9.1.1 所示。在電腦視覺部分 (CV)，包含了最基礎的影像處理與高階的電腦視覺影像處理演算法。機器學習函式庫 (MLL) 包含了統計分析、分類、聚類的相關演算法與工具。HighGUI 包含了輸入與輸出的介面，如何存取影像與視訊檔案也是由這部份來進行處理。CXCORE 則是負責最基本的資料結構與內容。

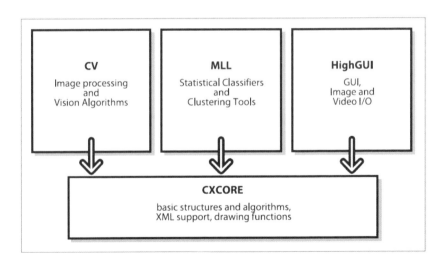

圖 9.1.1：OpenCV 架構 (影像來源：OReilly-LearningOpenCV)

　　HighGUI (全名：高階圖形使用者介面 High-level Graphical User Interface)，一個匯集 OpenCV 中與作業系統、檔案系統與硬體 (如相機) 相關的功能的函式庫。HighGUI 提供使用者新增視窗、顯示影像、讀寫圖型相關的檔案 (含影像與視訊) 與控制簡單的滑鼠、鍵盤與指標事件等功能。我們也可以使用 HighGUI 建立一些有用的的小玩意，像可以在我們的視窗上加上滑動軸 (slider)。如果你是一個 GUI 專家，你可能會發現許多 HighGUI 提供的功能是冗長的，儘管如此其跨平台的特性還是很吸引人的。

　　OpenCV 中的 HighGUI 函式庫可以被分為三個部分：硬體部分、檔案系統部分與 GUI 部分。下面作簡單的介紹：

(1) 硬體的部分主要涉及攝影機的操作。大部分的作業系統設定攝影機是一件繁瑣複雜的任務，而 HighGUI 提供我們一個方便取得影像與查詢攝影機狀態的簡單的方法。

(2) 檔案系統部分主要是負責影像的讀取與儲存。其中有一個特點是，讀取視訊檔案的方法也可以用來讀取攝影機，我們可以抽取出特定部分進行處理。

(3) 第三的部分是 GUI，視窗系統的部分。函式庫提供我們一些簡單的方法建立一個視窗且把影像放上去，並且可以在這個視窗透過滑鼠或鍵盤做一些控制。

　　OpenCV Library 原始是 C/C++ 的呼叫介面，目前也已提供 Python 的呼叫介面。OpenCV 的官方網站目前提供給 Python 使用的是 cv2，其版本是 3.4.0。首先我們須將 cv2 載入：

```
>>> import numpy as np
>>> import cv2
```

欲了解這個套件之版本，可以使用下列之指令：

```
>>> cv2.__version__
'3.4.0'
```

欲了解這個套件之內容，可以使用下列之指令：

```
>>> help(cv2)  # right-click to preview
```

9.2 基礎影像處理

　　影像濾波器是數位影像處理最基本的技術之一。本節以影像濾波器為例，引導讀者直接進入影像處裡的世界。主題包括 OpenCV 的載入、建立影像顯示視窗、影像檔 IO、影像顯示、基礎濾波器。資詳述如下：

(一) OpenCV 的載入

　　載入 OpenCV 及載入 cv2 模組，習慣上不再更改其命名空間。載入後，為方便起見，通常會設定影像以及其他資料的 IO 存取位置，語法如下：

```
>>> import cv2   #載入 OpenCV

>>> import numpy as np  # 載入 numpy 可以針對影像資料進行陣列處理

>>> import os   # 載入系統資訊與變更目前工作目錄
>>> os.getcwd() # 確認目前工作目錄
>>> mywd = "D:\\Practical-Python-Programming\\Python-Data-Sets"
>>> os.chdir(mywd) # 更改工作目錄
>>> os.getcwd() # 再次確認目前工作目錄
'D:\\Practical-Python-Programming\\Python-Data-Sets'
```

在本章之所有例題我們皆設定上述之工作目錄。

(二) 建立影像顯示視窗

　　我們可以使用 cv2.namedWindow() 指令在螢幕上顯示一個視窗，這函式需要兩個參數，分別是視窗的名字 WindowName 與 flag，這個 name 除了會顯示在視窗的左上方，使用其他函式的時候也會用到。flag 是控制視窗的大小，其語法如下：

```
cv2.namedWindow( "WindowName" , [flags] )
```

其中 flag 參數之預設值為 WINDOW_AUTOSIZE，其意義是視窗的大小隨影像尺寸而自動調整，不能改變視窗的大小。詳細的 flag 參數說明如下：

flag（預設為 1，也就是 WINDOW_AUTOSIZE）		
WINDOW_AUTOSIZE	隨影像自動調整視窗大小，不能改變視窗	1
WINDOW_FREERATIO	隨意改變影像大小，可以改變視窗	0
WINDOW_FULLSCREEN	全螢幕，不能改變視窗	
WINDOW_KEEPRATIO	保持原圖比例改變大小，可以改變視窗	
WINDOW_NORMAL	可以改變視窗	
WINDOW_OPENGL	支援 OpenGL	

當我們不需要這個視窗的時候，可以使用cv2.destroyWindow("WindowName") 將該視窗關閉；或者可以使用cv2.destroyAllWindows() 將所有視窗關閉，執行結果如圖 9.2.1 所示：

```
>>> cv2.namedWindow("ILoveOpenCV")
```

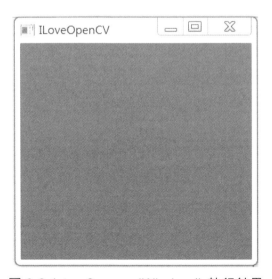

圖 9.2.1：cv2.namedWindow() 執行結果

(三) 影像檔 IO

在將影像顯示在視窗之前我們必須先使用指令 cv2.imread() 讀取影像檔，其語法為：

```
cv2.imread("filename", [flags])
```

其中 flag 參數代表影像為彩色或灰階，定義如下：

flag（預設為1）	
1	原始彩色影像
0	灰階影像

OpenCV 所支援格式幾乎包括所有現行的的影像格式，如*.bmp, *.dib, *.jpeg, *.jpg, *.jpe, *.jp2, *.png, *.webp, *.pbm, *.pgm, *.ppm, *.sr, *.ras, *.tiff, *.tif。儲存影像的語法如下，其中 img 的資料型態為 numpy.ndarray：

```
cv2.imwrite("filename", img, [params])
```

例題 9.2.1 ▶▶▶ 在本例題我們首先讀取一張彩色影像 "baboon.tiff"，讀取時並同時轉換成會接影像，儲存在 img 變數之中，接著再儲存成影像檔 "Hibaboon.tiff"，此時這影像檔已經是接影像檔，可由檔案總管看出。程式碼如下所示：

```
>>> img = cv2.imread("baboon.tiff",0)
>>> cv2.imwrite("Hibaboon.tiff",img)
True
>>> type(img)
<type 'numpy.ndarray'>
```

執行結果如圖 9.2.2 所示。

baboon   Hibaboon

(a) 執行前影像   (b) 執行後影像

圖 9.2.2：cv2.imwrite() 執行結果

例題 9.2.2 ▶▶▶ 處理完成的影像可以儲存為任意格式，若儲存為 JPEG 格式還可以設定參數，如壓縮品質等。下列指令為指定壓縮品質為 20，這個參數越大影像品質越好，但壓縮率則越差。程式碼如下所示：

```
>>> img = cv2.imread("lena.tiff", 0)
>>> cv2.imwrite("lena.jpg",img,[int(cv2.IMWRITE_JPEG_QUALITY),
               20])
True
```

執行結果如圖 9.2.3 所示。

(a) 原始儲存影像   (b) 加入壓縮率儲存影像

圖 9.2.3：cv2.imwrite() 加入壓縮率執行結果

(四) 顯示影像

我們可以使用指令 cv2.imshow() 將讀取到的影像顯示在所建立的指定視窗內，第一個參數是視窗的名字，第二個參數是欲顯示的影像。要特別注意的是，在 idlex 環境底下，須進入選單 "Shell"，啟動 "Enable GUI Event Loop"。

```
cv2.imshow( "WindowName", img)
```

例題 9.2.3 ▶▶▶ 在本例題中，我們首先建立一個顯示用視窗，接著讀取影像檔，再將影像顯示在視窗上。程式碼如下所示：

```
>>> cv2.namedWindow("Test",1)
>>> img = cv2.imread("baboon.tiff",1)
>>> cv2.imshow("Test",img)
```

執行結果如圖 9.2.4 所示。

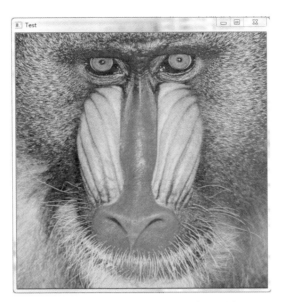

圖 9.2.4：讀取影像並顯示執行結果

(五) 基礎影像處裡

Python 使用 cv2 的方式是一項頗具高度進化的方式。因為一張影像對 Python 而言除了是一張影像之外，同時也是一個 Numpy 的 ndarray，因此使用者除了能夠使用原 OpenCV 的函數庫之外，還可使用 Numpy 的科學運算函數庫及其具快速運算能力的向量運算 (vector computation)。

例題 9.2.4 ▶▶▶ 在本例題中，我們示範使用負片處理展示 ndarray 的數學運算。程式碼如下所示：

```
>>> img = cv2.imread('lena.tiff', 1)
>>> dst = abs(255-img)  #負片
>>> cv2.imshow('image', dst)
```

執行結果如圖 9.2.5 所示。

圖 9.2.5：負片執行結果

例題 9.2.5 ▶▶▶ 在本例題中，我們示範使用影像濾波器展示 OpenCV 的基礎影像處裡能力。影像濾波器的主要功能之一是降低影像雜訊，其中最常用的有平均濾波器 (averaging filter)、高斯濾波器 (Gaussian filter)、中值濾波器 (median filter) 以及雙向濾波器 (bilateral filter)。其使用方法如下：

(1) Averaging filter：ur = cv2.blur(img,(5,5))

(2) Gaussian filter：blur = cv2.GaussianBlur(img,(5,5),0)

(3) Median filter：median = cv2.medianBlur(img,5)

(4) Bilateral filter：blur = cv2.bilateralFilter(img,9,75,75)

程式碼如下所示：

```
>>> Original = cv2.imread('lena.tiff', 1)

>>> Averaging = cv2.blur(Original,(5, 5))  # Averaging
>>> Gaussian = cv2.GaussianBlur(Original,(5, 5), 0)
        # Gaussian Filtering
>>> Median = cv2.medianBlur(Original, 5)  # Median Filtering
>>> Bilateral = cv2.bilateralFilter(Original, 9, 75, 75)
        # Bilateral Filtering

>>> cv2.imshow('Original',Original)
```

```
>>> cv2.imshow('Averaging',Averaging)
>>> cv2.imshow('Gaussian',Gaussian)
>>> cv2.imshow('Median',Median)
>>> cv2.imshow('Bilateral',Bilateral)

>>> cv2.destroyAllWindows()
```

執行結果如圖 9.2.6 所示。

(a) 原始影像

(b) 平均濾波

(c) 高斯濾波

(d) 中值濾波

(e) 雙向濾波

圖 9.2.6：平滑執行結果

影像濾波器的核心通常稱為 mask。前例 5×5 的平均濾波器其實就是設定其 mask 如下：

$$K = \frac{1}{25} \begin{bmatrix} 1 & 1 & 1 & 1 & 1 \\ 1 & 1 & 1 & 1 & 1 \\ 1 & 1 & 1 & 1 & 1 \\ 1 & 1 & 1 & 1 & 1 \\ 1 & 1 & 1 & 1 & 1 \end{bmatrix}$$

下面範例使用 filter2D(img, -1, K) 函數進行濾波，可以達到和 blur(Original, (5, 5)) 完全相同的效果。特別值得一提的是，適當的設定 mask內容，可達到各式各樣的效果，如古銅色、浮雕等。

例題 9.2.6 ▶▶▶ 在本例題我們示範使用自訂 mask 的影像濾波器，達到平均濾波器的效果。程式碼如下所示：

```
>>> img = cv2.imread('baboon.tiff', 1)
>>> K = np.ones((5,5),np.float32) / 25 # 平滑化
```

```
>>> dst = cv2.filter2D(img, -1, K)
        # -1表示輸出圖像與輸入圖像的數據類型一致
>>> cv2.imwrite('baboon_Smooth.tiff', dst) # 儲存
>>> cv2.imshow('image', dst) # 顯示
```

執行結果如圖 9.2.7 所示。

(a) 原始影像　　　　　　　　　(b) 平滑後影像

圖 9.2.7：例題 9.2.6 執行結果

9.3 基礎繪圖

在 Python中使用 OpenCV 基礎繪圖方式可以先建立一個畫布 (即一張數位影像，也就是一個 ndarray)，然後於上頭繪製各式線條，語法如下範例：

例題 9.3.1 ▶▶▶ 在本例題我們使用 rectangle() 函數在一塊黑色畫布中畫一個有顏色的方塊。程式碼如下所示：

```
>>> img = np.zeros((128, 128, 3), np.uint8) # 建立一個128×128
        的黑色畫布
>>> cv2.rectangle(img,(50, 50),(100, 100),(255, 255, 0), 3)
>>> cv2.imshow('image', img)
```

其中 (50, 50) 和 (100, 100) 是左上角和右下角的標，(255, 255, 0) 是顏色 (G, B, R) 的強度，3 是線條的寬度。執行結果如圖 9.3.1 所示。

圖 9.3.1：例題 9.3.1 執行結果

OpenCV 的圖形基本元件包括線條、圓形、基本幾何圖形和文字等，茲簡述如下：

- ▶ 直線：cv2.line(img, pt1, pt2, color, thickness = 1)

- ▶ 矩形：cv2.rectangle(img, pt1, pt2, color, thickness = 1)

- ▶ 圓形：cv2.circle(img, center, radius, color, thickness = 1)

- ▶ 多邊形：cv2.polylines(img, pts, isClosed, color, thickness)

- ▶ 文字：cv2.putText(img, text, org, fontFace, fontScale, color, thickness, lineType)

例題 9.3.2 ▶▶▶ 在本例題我們示範製作常用的幾何圖形。程式碼如下所示：

```
>>> img = np.zeros((512, 512, 3), np.uint8)
>>> cv2.line(img,(0, 0), (511, 511), (255, 0, 0), 5) # BGR
>>> cv2.rectangle(img, (384, 0), (510, 128), (0, 255, 0), 3)

>>> cv2.circle(img,(447, 63), 63, (0, 0, 255), -1)
        #封閉圖形 -1為填滿
```

```
>>> pts = np.array([[20, 10], [60, 120], [120, 60],
        [80, 10]], np.int32)
>>> cv2.polylines(img, [pts], True, (0, 255, 255), 2)
>>> font = cv2.FONT_HERSHEY_SIMPLEX
>>> cv2.putText(img, 'OpenCV', (10, 500), font, 4,
        (255, 255, 255), 2)
>>> cv2.imshow('draw', img)
```

執行結果如圖 9.3.2 所示。

圖 9.3.2：例題 9.3.2 執行結果

函數 cv2.putText 之第四個參數為文字的字型，常用的字型如下表：

指令	說明
CV_FONT_HERSHEY_SIMPLEX	正常尺寸的 sanserif 字體
CV_FONT_HERSHEY_PLAIN	小尺寸的 sanserif 字體
CV_FONT_HERSHEY_DUPLEX	正常尺寸的 sanserif 字體，比 CV_FONT_HERSHEY_SIMPLEX 更複雜

指令	說明
CV_FONT_HERSHEY_COMPLEX	正常尺寸的 sanserif 字體，比 CV_FONT_HERSHEY_DUPLEX 更複雜
CV_FONT_HERSHEY_TRIPLEX	正常尺寸的 sanserif 字體，比 CV_FONT_HERSHEY_COMPLEX 更複雜
CV_FONT_HERSHEY_SCRIPT_SIMPLEX	手寫風格
CV_FONT_HERSHEY_SCRIPT_COMPLEX	比 CV_FONT_HERSHEY_SCRIPT_SIMPLEX 更複雜的風格

例題 9.3.3 ▶▶▶ 在本例題我們顯示各種不同字型。程式碼如下所示：

```
>>> img = np.zeros((512,512,3), np.uint8)
>>> font = cv2.FONT_HERSHEY_SIMPLEX
>>> font1 = cv2.FONT_HERSHEY_PLAIN
>>> font2 = cv2.FONT_HERSHEY_DUPLEX
>>> font3 = cv2.FONT_HERSHEY_COMPLEX
>>> font4 = cv2.FONT_HERSHEY_TRIPLEX
>>> font5 = cv2.FONT_HERSHEY_SCRIPT_SIMPLEX
>>> font6 = cv2.FONT_HERSHEY_SCRIPT_COMPLEX
>>> cv2.imshow('draw',img)
>>> cv2.putText(img,'OpenCV',(10,500), font6,
                2, (255,255,255),2)
>>> cv2.putText(img,'OpenCV',(10,450), font5,
                2,(255,255,255),2)
>>> cv2.putText(img,'OpenCV',(10,400), font4,
                2,(255,255,255),2)
>>> cv2.putText(img,'OpenCV',(10,350), font3,
                2,(255,255,255),2)
>>> cv2.putText(img,'OpenCV',(10,300), font2,
                2,(255,255,255),2)
>>> cv2.putText(img,'OpenCV',(10,250), font1,
                2,(255,255,255),2)
```

```
>>> cv2.putText(img,'OpenCV',(10,200), font,
                2,(255,255,255),2)
>>> cv2.imshow('draw',img)
```

執行結果如圖 9.3.3 所示。

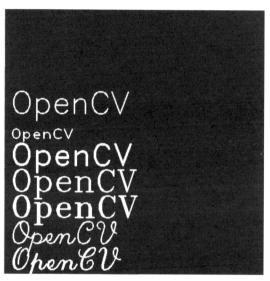

圖 9.3.3：例題 9.3.3 執行結果 (字體順序與上表相同)

9.4 進階影像處理

本節將常用的進階影像處理技術分為四個主題：(一) 降低影像解析度 (二) Canny 邊緣偵測 (三) Sobel 邊緣偵測以及參數設定 (四) 形態學分析。茲詳述如下：

(一) 降低影像解析度

在 cv2 中，降低影像解析度的函數的呼叫介面如下：

```
cv2.pyrDown(src[, dst[, dstsize[, borderType]]])
```

其中參數的定義如下表：

參數	説明
src	影像來源
dst	影像輸出
dstsize	影像輸出大小
borderType	像素計算方式

例題 9.4.1 ▶▶▶ 在本例題我們示範如何降低影像解析度。程式碼如下所示：

```
>>> img = cv2.imread('lena.tiff',1)  #載入來源影像，不調整顏色
>>> result = cv2.pyrDown(img)  #降低解析度
>>> cv2.namedWindow("src",1)
>>> cv2.namedWindow("result",1)
>>> cv2.imshow("src",img)
>>> cv2.imshow("result",result)
```

執行結果如圖 9.4.1 所示。

圖 9.4.1：影像縮小實驗

(二) Canny 邊緣偵測

在 cv2 中，Canny 邊緣偵測函數的呼叫介面如下：

```
cv2.Canny(src, threshold1, threshold2[, edges[,
          apertureSize[, L2gradient]]])
```

其中參數的定義如下表：

參數	說明
Src	影像來源
threshold1	第一臨界值
threshold2	第二臨界值
Edges	邊緣點輸出
apertureSize	Sobel 運算子之大小

例題 9.4.2 ▶▶▶ 在本例題我們使用 Canny 演算法之影像邊緣偵測。程式碼如下所示：

```
>>> img = cv2.imread('lena.tiff',1)
>>> result = cv2.Canny(img,10,100) # 使用Canny運算子
>>> cv2.namedWindow("result",1)
>>> cv2.imshow("result",result)
```

執行結果如圖 9.4.2 所示。

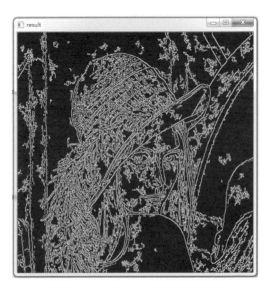

圖 9.4.2：Canny 運算結果圖

(三) Sobel 邊緣偵測以及參數設定

Sobel 邊緣偵測的函數是很常用的邊緣偵測技術，其 cv2 的基本語法為：

```
cv2.Sobel(src, ddepth, dx, dy[, dst[, ksize[, scale[,
        delta[, borderType]]]]])
```

其中參數的定義如下表：

參數	說明
src	影像來源
ddepth	影像深度 <table><tr><td>輸入影像深度</td><td>輸出影像深度參數 (-1: 與輸入影像相同)</td></tr><tr><td>CV_8U</td><td>-1、CV_16S、CV_32F、CV_64F</td></tr><tr><td>CV_16U/CV_16S</td><td>-1、CV_32F、CV_64F</td></tr><tr><td>CV_32F</td><td>-1、CV_32F、CV_64F</td></tr><tr><td>CV_64F</td><td>-1、CV_64F</td></tr></table>

參數	說明
dx	以 X 方向進行運算
dy	以 Y 方向進行運算
ksize	Sobel kernel，常用：1、3、5、7

其中第三和第四參數 dx 和 dy 代表濾波的方向，設為 (1, 0) 則只沿著 x 方向濾波，所得的結果是縱線條邊緣的資訊。設為 (0, 1) 則只沿著 y 方向濾波，所得的結果是橫線條邊緣的資訊。若設為 (1, 1) 則同時對 x 和 y 方向濾波，則可看到所有邊緣的資訊。

例題 9.4.3 ▶▶▶ 在本例題我們示範使用不同參數於 Sobel 運算子之討論。程式碼如下所示：

```
>>> img = cv2.imread('lena.tiff',0) #載入影像

>>> sobel = cv2.Sobel(img, -1, 1, 1, ksize=5)
            #使用Sobel方法描繪出物體的邊

>>> cv2.imwrite('sobel7.png', sobel) #使用imwrite方法儲存影像
True #表示已儲存完成
>>> cv2.namedWindow("sobel", 1)
>>> cv2.imshow("sobel", sobel)
```

執行結果如圖 9.4.3 所示。

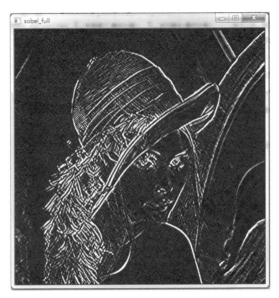

圖 9.4.3：以 X、Y 方向同時濾波結果

　　如圖 9.4.3 因為函數設定為兩個方向的濾波，因此所有縱線和橫線的邊緣都會被偵測出來。而圖 9.4.4 與圖 9.4.5 則是以不同方向與不同 Sobel kernel size 進行實驗，當 Sobel kernel size 愈大則效果愈顯著。圖 9.4.6 為 X 與 Y 方向，可以發現物體的邊可以被凸顯出來。

(a) kernel size: 3　　　　　(b) kernel size: 5　　　　　(c) kernel size: 7

圖 9.4.4：以 X 方向濾波結果

(a) kernel size: 3　　　　(b) kernel size: 5　　　　(c) kernel size: 7

圖 9.4.5：以 Y 方向濾波結果

(a) kernel size: 3　　　　(b) kernel size: 5　　　　(c) kernel size: 7

圖 9.4.6：使用不同大小的核心 mask 進行 X、Y 方向同時濾波

(四) 形態學分析

在 OpenCV 中，我們可以使用影像型態學的方法來處理影像，如侵蝕 cv2.erode() 和膨脹 cv2.dilate() 函式：

侵蝕：

```
cv2.erode(src, kernel[, dst[, anchor[, iterations[,
        borderType[, borderValue]]]]])
```

其中參數的定義如下表：

參數	説明
src	影像來源
kernel	結構元素
iterations	侵蝕次數

膨脹：

```
cv2.dilate(src, kernel[, dst[, anchor[, iterations[,
        borderType[, borderValue]]]]])
```

其中參數的定義如下表：

參數	説明
src	影像來源
kernel	結構元素
iterations	膨脹次數

例題 9.4.4 ▶▶▶ 在本例題我們示範基本侵蝕和膨脹語法。程式碼如下所示：

```
#erosion dilation
>>> kernel = np.ones((5, 5), np.uint8)
>>> Original = cv2.imread('j.png', 0)
>>> # erosion
>>> erosion = cv2.erode(Original, kernel, iterations = 1)
>>> # dilation
>>> dilation = cv2.dilate(Original, kernel, iterations = 1)

>>> cv2.imshow('Original',Original)
>>> cv2.imshow('erosion',erosion)
>>> cv2.imshow('dilation',dilation)
>>> cv2.imwrite('erosion.png',erosion)
True
>>> cv2.imwrite('dilation.png',dilation)
True
```

執行結果如圖 9.4.7 所示。

(a) 原始影像

(b) 侵蝕實驗

(c) 膨脹實驗

圖 9.4.7：例題 9.4.4 實驗結果

9.5 基礎視訊處理

　　本章將介紹基礎的視訊處理，包括播放視訊檔案、播放相機拍攝之視訊、視訊的儲存以及簡易的即時視訊處理。

(一) 讀取視訊檔以及播放

　　OpenCV 本身支援 avi 格式的檔案讀寫，但是 avi 格式是屬於一種容器，當中的編解碼設定有很多種，而 OpenCV 並不支援所有編解碼器，因此系統必須安裝 ffdshow 編解碼軟體。ffdshow 是使用 ffmpeg 與 libavcodec library 以及其他各種開放原始碼所開發的一套免費的影音編解碼軟體，各種媒體播放器都可以使用 ffdshow 進行解碼，但是 ffdshow 本身並不提供播放器。目前可支援的影音格式有 H.264、FLV、WMV、MPEG-1、MPEG-2 以及 MPEG-4 等。以下將簡單說明 ffdshow 的安裝與設定：

步驟 1： 安裝時要選取 VirtualDub

步驟 2： 安裝完成後開啟 視訊編碼器組態 ，將 AVI 內的 MPEG 解碼器設為 libavcodec，按確定即設定完成

如果要播放其他格式例如：.wmv 檔、.mp4 檔、.webm 檔…等，需要使用下面方法設定。

1. 請先找出安裝在電腦裡面的 opencv 路徑：“C:\opencv\sources\3rdparty\ffmpeg” 請注意不同的電腦路徑可能不同。

2. 修改 ffmpeg 資料夾中的檔案名稱

   opencv_ffmpeg.dll 的檔名修改成 opencv_ffmpeg300.dll

   opencv_ffmpeg_64.dll 檔名修改成 opencv_ffmpeg300_64.dll

   這裡 “300” 是 opencv 的版本，若安裝的是別的版本就依此類推。

3. 將這兩個檔案 (opencv_ffmpeg300.dll與opencv_ffmpeg300_64.dll) 複製到路徑 Python27\DLLs下。

例題 9.5.1 ▶▶▶ 在本例題我們播放一個 mp4 視訊檔。影片來源：http://www.sample-videos.com/。程式碼如下所示：

```
>>> cap = cv2.VideoCapture('test1.mp4')    # 開啟影片
>>> while(True):
        ret, frame = cap.read()
        if ret==True:
          cv2.imshow('frame',frame)
          if cv2.waitKey(1) & 0xFF == ord('q'):
              break
        else:
          break

>>> cap.release()
>>>
>>> cv2.destroyAllWindows()
```

執行結果如圖 9.5.1 所示。

圖 9.5.1：開啟影片實驗

　　OpenCV 除了讀取靜態影像與動態影片，更可以透過 cv2.VideoCapture() 讀取內建或外接攝影機取得影像資訊。若是內建攝影機驅動程式未安裝會出現影像顛倒現象，此時需要安裝或更新驅動程式。這個指令的參數可以輸入裝置的索引值或者輸入一個視訊檔案的檔案名稱，每個裝置的索引值為特定攝影機的號碼，通常至少會連接一台攝影機，所以索引值輸入 0 (或 –1)，當然如果你有連接第二台攝影機你也可以輸入索引值1來使用他，以此類推。我們使用指令 cap.read() 來讀取畫面，其回傳的是一個 bool 值 (True/False)，如果畫面有成功讀取會回傳 True。要知道有沒有正確開啟影片或調用視訊，可使用函式 cap.isOpened()。另外可以使用指令 waitKey() 調整播放速度。然後我們就成功的開始攝影了。因為視訊就是快速播放影像，所以攝影結束之後別忘了釋放掉剛剛拍的大量的影像。

(二) 讀取內建和外接攝影機

例題 9.5.2 ▶▶▶ 在本例題我們示範播放使用內建攝影機拍攝之視訊內容。程式碼如下所示：

```
>>> cap = cv2.VideoCapture(0)   # 開啟預設攝影機
>>> while(cap.isOpened()):  # 或while(True):
        ret, frame = cap.read()  # 一張一張讀出畫面
        cv2.imshow('frame', frame)  # 將讀到的畫面一張一張顯示
```

```
      if cv2.waitKey(1) & 0xFF == ord('q'):  # 設計使用按"q"
                            鍵結束放映
          break
>>> cap.release()  # 釋放記憶體
>>> cv2.destroyAllWindows()  # 關閉視窗
```

執行結果如圖 9.5.2 所示。

圖 9.5.2：視訊實驗結果

例題 9.5.3 ▶▶▶ 在本例題我們示範播放使用外接攝影機拍攝之視訊內容。程式碼如下所示：

```
>>> cap = cv2.VideoCapture(1) #讀取攝影機資訊
>>>
>>> while(True):
      ret, frame = cap.read() #讀取影像資訊
      cv2.imshow('frame', frame) #顯示影像
      if cv2.waitKey(1) & 0xFF == ord('q'):
          break

>>> cap.release()
>>> cv2.destroyAllWindows()
```

執行結果如圖 9.5.3 所示。

圖 9.5.3：讀取內建或外接攝影機

(三) 將視訊儲存成視訊檔

　　式訊的儲存主要是透過 cv2.VideoWriter() 函式，將攝影機所拍攝到的視訊或處理過的視訊，根據 cv2.cv.CV_FOURCC() 所定義的格式進行壓縮以及儲存。

例題 9.5.4 ▶▶▶ 在本例題我們示範將攝影機所拍攝的視訊根據指定的格式進行壓縮以及儲存。程式碼如下所示：

```
>>> cap = cv2.VideoCapture(0) # 攝影機資訊
>>> # 編碼方式
>>> fourcc = cv2.VideoWriter_fourcc(*'XVID')
    # 影像資訊儲存
>>> out = cv2.VideoWriter('output.mp4',fourcc, 20.0, (640,
                          480))
>>> # 判斷是否有影像資訊
>>> while(cap.isOpened()):
        ret, frame = cap.read()
        if ret==True:
            out.write(frame) # 儲存影像影格
```

```
            cv2.imshow('frame', frame)
            if cv2.waitKey(1) & 0xFF == ord('q'):
                break
        else:
            break

>>> cap.release()
>>> out.release()
>>> cv2.destroyAllWindows()
```

cv2 的基本語法為：

```
    cv2.VideoWriter([filename, fourcc, fps, frameSize[,
            isColor]])
```

其中參數的定義如下表：

參數	説明
filename	Avi 檔案名稱
fourcc	編碼方式 (需安裝編碼工具) 常用：XVID、DIVX、XVID、MJPG、X264
fps	每秒播放的畫面數量
frameSize	影像大小 例如：(640,480)

　　FourCC 是一個 4-byte code 的視訊編碼，使用者可以透過 fourcc.org 平台了解相關編碼資訊以及下載安裝編碼工具，當中提供了常用的編碼格式，如 DVIX, H264, X264, XVID ...等多種編碼格式。相關網址提供如下：

　　　　http://www.fourcc.org/codecs.php

　　圖 9.5.4 為本範例的執行結果：(a)為執行程式時所顯示的預覽視窗，(b)為播放器的畫面擷圖。從成果可以得知，若有安裝 "XVID" 視訊編碼工具，則可以用來進行視訊編碼並透過電腦進行播放視訊。

(a) 儲存畫面

(b) 播放器畫面截圖

圖 9.5.4：儲存視訊

(四) 即時視訊處理

　　本範例實現如何自行定義影像處理副程式並且運用在即時影像上，將來只需要替換成自己所撰寫的程式即可。本範例運用到 cv2.flip() 副程式將影像即時垂直翻轉。

例題 9.5.5 ▶▶▶ 在本例題我們示範將內建攝影機所拍攝的視訊做即時上下翻轉處理，再播放出來。程式碼如下所示：

```
>>> cap = cv2.VideoCapture(0)

# 定義視訊處理程式
>>> def videoprocess(frame):
        frame = cv2.flip(frame, 0)
        return frame

>>> while(cap.isOpened()):
        ret, frame = cap.read()
        if ret==True:
            cv2.imshow('frame', frame) # 原始視訊影像
            frame2 =videoprocess(frame) # 呼叫自行定義的視訊程式
            cv2.imshow('frame2', frame2) # 即時處理後的視訊影像成果
            if cv2.waitKey(1) & 0xFF == ord('q'): # 使用者按下鍵
                                盤q即結束畫面
                break
        else:
            break

>>> cap.release()
>>> cv2.destroyAllWindows()
```

圖 9.5.5 為即時視訊影像處理成果，當中我們使用 cv2.flip() 副程式，參數設定為 0，將影像垂直翻轉成果如圖 9.5.5 (b)。此範例也將視訊處理程式獨立出來，未來使用者只需要將自行開發的演算法替換範例中 videoprocess() 副程式即可。

(a) 原始物體

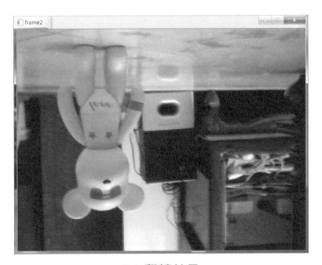

(b) 翻轉結果

圖 9.5.5：即時視訊處理

cv2 的基本語法為：

```
cv2.flip(src, flipCode[, dst])
```

其中參數的定義如下表：

參數	說明
src	視訊來源
flipCode	翻轉方式： 0：垂直 1：水平 -1：水平與垂直

9.6 習題

在本章之所有習題我們皆設定工作目錄為

D:\Practical-Python-Programming\Python-Data-Sets

【習題 9.6.1】使用 OpenCV 指令讀取附檔 baboon.tiff，並顯示在視窗 "test001" 中。

【習題 9.6.2】使用 OpenCV 指令讀取附檔 baboon.tiff 並存成灰階影像檔，檔名為 baboon002.bmp。

【習題 9.6.3】建立 128×128 的全黑影像 (畫布)，在左上角畫出藍色線條的正方形 (50×50，B=255，粗度不限)，並將結果顯示出來，如下圖所示。

【習題 9.6.4】建立 512×512 的全黑影像 (畫布)，在左下角畫出紅色線條的四邊形 (R=255，粗度、形狀不限)，以及在上方秀出「I love McP」(字型、大小、顏色等皆無限制) 並將結果顯示出來 (如下圖)，最後確認所顯示的影像資料型態 (type) 為何，以及矩陣大小 (shape)。

【習題 9.6.5】請載入一張灰階影像，並使用 cv2.pyrDown() 降低影像解析度，將影像縮小四分之一。

【習題 9.6.6】請利用 Webcam 的即時影像並使用 cv2.Sobel() 運算即時顯示物體邊界。

【習題 9.6.7】使用 OpenCV 編寫出將影像平滑化的 Python 程式。

【習題 9.6.8】使用 OpenCV 編寫出播放 avi 影片，並且有 TrackbarSlide 可以隨意移到任何片段，以 q 鍵做為結束鍵的程式。

參考文獻

Gries, P., J. Campbell, and J. Montojo (2013). Practical Programming: An Introduction to Computer Science Using Python 3. Second edition. Pragmatic Bookshelf, Dallas, Texas, USA.

Guttag, J.V. (2013). Introduction to Computation and Programming Using Python. MIT Press, Cambridge, Massachusetts, USA.

Hogg, R.V., J. McKean, and A.T. Craig (2012). Introduction to Mathematical Statistics. Seventh edition. Pearson Prentice Hall, Upper Saddle River, New Jersey.

Lutz, M. (2014). Python Pocket Reference. Fifth edition. O'Reilly Media, Santa Clara, California, USA.

Python 函數及指令章節索引

appendix
B

(x.y) 代表第 x 章第 y 節

appendix C

中英文專有名詞對照 章節索引

(x.y) 代表第 x 章第 y 節

appendix
D

名詞章節索引

實用 Python 程式設計--第二版

作　　者：郭英勝 / 鄭志宏 / 謝哲光 / 龔志銘

企劃編輯：江佳慧

文字編輯：王雅雯

設計裝幀：張寶莉

發 行 人：廖文良

發 行 所：碁峰資訊股份有限公司

地　　址：台北市南港區三重路 66 號 7 樓之 6

電　　話：(02)2788-2408

傳　　真：(02)8192-4433

網　　站：www.gotop.com.tw

書　　號：AEL021300

版　　次：2018 年 10 月初版

建議售價：NT$420

國家圖書館出版品預行編目資料

實用 Python 程式設計 / 郭英勝等著. -- 初版. -- 臺北市：碁峰
　資訊, 2018.10
　　面；　公分
　ISBN 978-986-476-949-0(平裝)
　1.Python(電腦程式語言)
312.32P97　　　　　　　　　　　　　　　　107017908

讀者服務

● 感謝您購買碁峰圖書，如果您對本書的內容或表達上有不清楚的地方或其他建議，請至碁峰網站：「聯絡我們」\「圖書問題」留下您所購買之書籍及問題。(請註明購買書籍之書號及書名，以及問題頁數，以便能儘快為您處理)

http://www.gotop.com.tw

● 售後服務僅限書籍本身內容，若是軟、硬體問題，請您直接與軟體廠商聯絡。

● 若於購買書籍後發現有破損、缺頁、裝訂錯誤之問題，請直接將書寄回更換，並註明您的姓名、連絡電話及地址，將有專人與您連絡補寄商品。

● 歡迎至碁峰購物網
http://shopping.gotop.com.tw
選購所需產品。